書名	夢想飛揚 - 實踐飛行夢
作者	吳永水博士
出版	超媒體出版有限公司
地址	荃灣柴灣角街 34-36 號萬達來工業中心 21 樓 2 室
出版計劃查詢	(852)3596 4296
電郵	info@easy-publish.org
網址	http://www.easy-publish.org
香港總經銷	聯合新零售 (香港) 有限公司
出版日期	2022 年 7 月
圖書分類	航空科技
國際書號	978-988-8806-13-3
定價	HK$128

推薦序一

Turn Your Dream to Fly into a Reality

I would like to congratulate Walter for both obtaining his Private Pilot License (PPL), and also the publication of this book, which will hopefully inspire others to follow in Walter's footsteps.

Before becoming the President of Nok Flying Club, I had a similar journey to Walter, studying for my PPL at Chiang Mai Flying Club, and graduating as part of the 2007 class. It was therefore my pleasure to see Walter progress to the pilot he has become today. Both Nok and Chiang Mai Flying Club have helped many students learn to fly. Learning to fly is not easy, but at the same time, it is incredibly rewarding, both in terms of scenery and the variety of places to land and visit, from the majestic mountains of the North to the steamy palm tree-lined beaches of the South, and everything in between.

If you have a dream to fly, which is still one of man's great achievements, please turn that dream into a reality, as Walter has done.

Blue skies, and happy landings!

Koi, Kraidej Leeviraphan

President, Nok Flying Club, Lamphun, Thailand

推薦序二

孕育童年夢想 發揮無限潛能

接到吳永水博士的邀請為這本書寫序，實在興奮萬分，一方面感到十分榮幸，可以為一本如此具教育意義的書留一點個人拙見，另一方面十分欣賞吳博士為教育下一代的熱誠，以個人親身的經歷，鼓勵孩子追尋自己的夢想。

認識吳博士由邀請他擔任本校校董開始，回想初次聯絡，已感受到他熱心教育的一顆心，他接到我們的邀請，二話不說立即答應當上獨立校董這義務工作，後來得悉他已考取了飛機師駕駛執照，還可以與本校學生分享飛行經驗，更感到他與本校的一份緣，與我們發展的校本飛行課程不謀而合。本校五年前開始引入飛行課程，以資優三層架構的培育模式，先讓同學學習航空的基礎知識，然後為熱愛飛行的同學提供由專業飛機師教授的飛行課程，更安排表現出色的同學到境外的航空訓練基地，體驗專業飛機師的訓練。記得一次我與同學一同飛往泰國的航空學習之旅，熱愛飛行的同學對飛機的熟悉實在令我吃驚，看一眼已知道飛機的型號，還能滔滔不絕地說出該款飛機的詳細資料，當我與他們一同坐進飛機師的駕駛訓練艙，親眼看到他們成功控制飛機的升降過程，感動的心情實在難以言喻，引證了為孩子提供機會的重要，當孩子孕育在肥沃的土壤中，他們的潛能可以無限發揮。

吳博士以「夢想飛揚」為此書命名，除了與讀者分享學習駕駛飛機的刻苦經歷外，最重要是透過他堅毅不屈、追尋夢想的過程，鼓勵年青人勇敢向夢想出發。在吳博士成長的年代，學習駕駛飛機對於一般市民基本上是遙不可及的事，但吳博士都沒有放棄理想，最終讓他找到可以圓夢的途徑，他憑毅力排除萬難達成夢想的經歷，正好成為年青人的榜樣，而這本書更會引領一代一代的年青人實現他們的夢想。

朱慧敏 校長

荃灣公立何傳耀紀念小學

推薦序三

提升 STEM 素養 實踐飛行夢

當我還是在小學教書的時候，學生們在中文科寫作或隨筆時，都曾寫過有關《我的志願》或《我的夢想》等文章，待他們長大後又有誰能夠達成該作文所提及的志願或夢想呢？

夢想，相信是每個人在小時候到現在都會擁有的，究竟要怎樣才能把夢想實現呢？多年來亦有不少同學的志願是要成為飛機師，亦有不少人都會夢想自己將來能夠成為一位既俊俏又有型的飛機駕駛員，駕駛飛機在天空中翱翔。一架飛機由事前準備到起飛，再經過飛行過程到降落目的地，全都包含了多元的 STEM 知識，當中還包括：物理學、氣象學、機械工程學等，對我來說，要控制飛機在天空安全飛翔，真是一件不容易的事！

可是有好多人都會以為要成為飛機師必須是要家中富有，需要大花金錢才能達到的，但是從閱讀吳永水博士的著作《夢想飛揚》，就讓我知道只要替自己做好儲蓄及規劃，要成為飛機師駕駛飛機在天空上飛翔就不是夢了。只要是事前規劃好每一項的目標計劃，再盡力把每個項目逐一完成，就能夠邁向成功之路。

現在香港有不少中學和小學都會透過 STEM 教育，把航空及駕駛模擬飛行器的課程加入在課堂中，讓同學們能夠有所體驗及完成飛行夢，而吳博士在著作中不但有提及到飛機飛行等 STEM 知識，而且更記錄了他怎樣完成飛行夢的過程及經歷的重要資訊，絕對是同學們想成為飛機師的工具小伴侶。書中還加入了不少駕駛飛機和應付飛行考試的小秘技，不單能夠增加讀者對飛行

的興趣，還有助提升投考人士面對飛行考試的自信心，再加上吳博士更在書中與大家分享如何用一個最經濟、最特惠的價錢來實現飛行夢，他的經驗好值得大家參考和學習之用。

《夢想飛揚》是一本教大家如何建立未來工作能力的書，吳博士為了實踐夢想而逐一把難關解決，他的堅毅精神很值得大家學習，特此在此向大家推薦，以助大家努力規劃人生，令自己的夢想盡情飛揚。

鄧文瀚

STEM Sir

電視節目主持及STEM教育專家

自序

夢想飛揚 - 達成夢想 一飛沖天

我出身自草根階層，一家九口住在不足二百呎的公屋單位，生活清貧。兒時沒有各式各樣的玩具，只有自製小玩意，摺紙飛機就是我們這群街童的一大娛樂。我們會不斷改良紙飛機的設計，把公屋的長走廊當作飛機跑道，比拼誰的飛機飛得最快最遠，樂此不疲。小時候的我，認為乘坐飛機已是遙不可及的事，成為飛機師，更是想也不敢想的白日夢。

我深信知識可以改變命運，雖然家庭未能提供理想的讀書環境，但我沒有放棄，以不懈努力，終於讓我考上香港最高學府。大學畢業在即，雖然為人師表一直也是我的志願，然而在偶然的機會下，我參加了航空公司的飛機師招聘考試，可是心有餘而力不足，當時我只有很基礎的航空知識，名落孫山也是必然的結果。但這次投考經歷，已在我心中植下飛行夢的種子，亦讓我知道，原來成為飛機師並非不可能的目標。我這草根街童，既能憑個人努力，完成大學課程，為何不能追尋飛行夢呢？

踏足社會成為中學教師，工作之餘我不斷進修，為發展事業努力不懈。然而我並沒有把飛行夢置諸腦後，一步一步為達成夢想作準備。為增加對飛行的認知，我報讀飛行理論課程，初探飛行基本知識，亦搜集世界各地飛行訓練學校的資料，了解考取飛機駕駛執照的要求，同時亦讓自己保持健康體格，並儲備飛行訓練所需費用。

追夢的過程困難重重，需要無比的毅力，堅持到底，才能達成夢想。在搜尋飛行訓練學校的資料時，知道香港、歐美及澳洲等地均有飛行訓練課程，但在綜合考慮下，這些並非合適學習飛行的地方。當追尋飛行夢苦無頭緒之際，皇天不負有心人，在一次偶然機會，竟讓我發現位於泰國北面的清邁，有一所飛行會可以提供私人飛機駕駛訓練課程，以考取飛機駕駛執照。這一發現，又再重燃我的飛行夢，可是康莊大道仍未為我打開。在聯絡清邁飛行會的過程可謂一波三折，但我憑著永不放棄的精神，幾經艱苦終能踏上征途。在訓練的過程中，我這超齡留學生，重拾書包，勇於面對各項挑戰，克服重重困難，以一年時間內五次造訪曼谷及清邁，終於達成夢想，考獲私人飛機駕駛執照，正式成為飛機師。

我希望透過本書，與大家分享追夢過程，勉勵年輕人無懼困難艱辛，勇於追夢。同時我也希望讓大家知道學習駕駛飛機的要求，了解整個考取私人飛機駕駛執照的過程，帶領有志成為飛機師的你完成飛行夢。本書亦向大家介紹各項與學習飛行相關的工具及輔助教材，傳授學習飛行的心得，分享學習飛行期間的趣事。在最後部份，我更分享在考獲飛機駕駛執照後翱翔天際的經歷，介紹一些到訪鮮為人知泰北小鎮的飛行航線，也輯錄了一些飛行相片讓大家燃起飛行夢。

本書以「夢想飛揚 - 實踐飛行夢」為名，帶有雙重意義。夢想「飛」揚，就是心中抱有飛行夢，希望能夠擁抱藍天展翅翱翔。同時我希望向大家，特別是年輕人，傳遞正面的訊息，相信只要有夢想，憑著堅定的意志，無比的毅力，終有一天可以「讓夢想飛揚」！

吳永水

吳永水博士

二零二二年六月

目錄

第1章

飛行夢

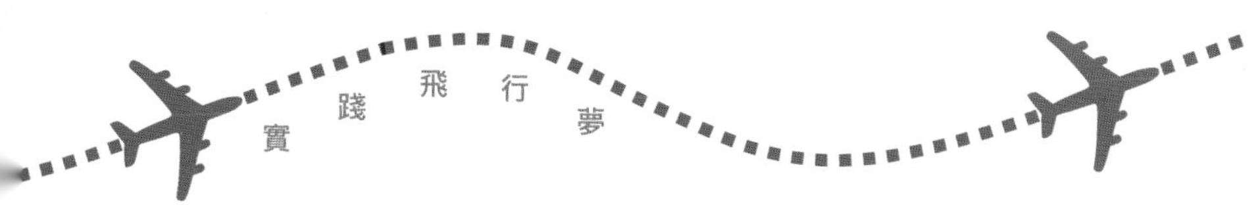

飛行夢的萌芽

小時候的我，對飛機的認識只限在電視劇集的場景，看見主角在離境大堂送別至愛親朋的劇情，接下來的一幕，就是一架飛機在舊啓德機場的上空，劃破長空，直奔天際的畫面。對於一個在草根階層成長的小伙子，一個居於不足二百平方尺舊式公屋的平民，乘坐飛機已認為是不可能的事，若要擔當飛機師衝上雲霄，更完全是妄想。

我的童年生活簡單而充實，每日放學後聯同左鄰右里的小朋友跑跑跳跳，設計各式各樣的兒時玩意，大家互相比拼，互相玩弄，已覺滿足。在眾多的玩意中，設計紙飛機，比試誰的紙飛機飛得高飛得遠，已可讓我樂上半天。那時候，我已開始留意飛機的設計，思考機身、機翼設計，以至摺紙飛機的物料，如何提升紙飛機的飛行表現。當然兒時的所謂設計沒有任何理論基礎，只是從失敗中學習和改良，以期設計出最好的紙飛機。而以此為樂的最佳時機，必定是學年的終結時，那時候老師會把過去一個學期的習作簿派回給我們，這些習作簿的一頁一頁紙張，便成為摺紙飛機的最佳材料，既環保又實用！

比賽場地方面，舊型公屋的走廊長而直，當中沒有特別的轉彎位置，自然便是最佳的比賽場地。我們自定遊戲規則，自定起點線，大家站在起點線，大聲數著：「一、二、三 ……」，之後便使勁的把自製的紙飛機向前投擲出去，比試誰的飛機飛得遠。走廊頓時化身成天空，讓數隻紙飛機同時飛翔。它們當中有的一支獨秀的勇往直前；有的緩緩地往上飛，接著後勁凌厲的向前衝；有的一開始便急速下墜，在起點線上不遠處停下，最不濟的是兩隻飛機在途中相撞，雙雙墜落。

除了走廊，家中的窗戶以至窗外的一片天空，亦是我們另一個的比賽場地。我們愛把飛機投擲出窗外，以比拼誰的飛機飛得遠，或能夠停留在空中最久。數隻天外來客從天而降，途人看見紙飛機這不速之客，有人選擇以不值一顧的態度不加理會；有人選擇以旁觀者的身份站在一旁觀察；有人在飛機墜地之後拾起紙飛機看過究竟；有人被這從天而降的紙飛機擊中而破口大罵……這時我們必須迅速的蹲下來，找尋掩護物以防被人發現。回想那時幸好仍未有公屋扣分制，要不是我這頑皮鬼，隨時因此而被註銷戶籍，令家人無家可歸。

這樣的紙飛機飛行比賽，就如我們的人生，有人在起點線便一路領先；有人以無比的勇氣與耐力，咬緊牙關的一步一步向目標進發；有人一開始便不戰而敗；有人遇到挫折便一蹶不振。面對突而其來的機會有人選擇放棄；有人選擇冷眼旁觀；有人選擇把握機會；有人卻為未能把握機會而變得沮喪。在我的生命中，學習駕駛飛機的機會一瞬即逝，機會來到時我選擇好好把握，勇敢及努力不懈的達成飛行夢，為自己的人生增添色彩。

童年生活就在這歡笑聲中匆匆過去，小學及中學轉眼亦已成

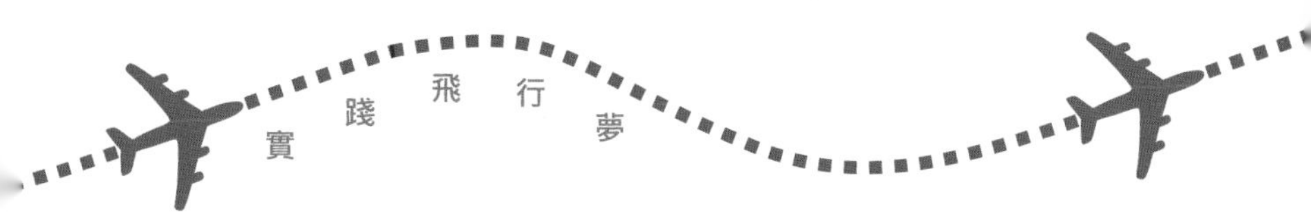

過去，經過多年的努力，終於讓我考上香港的最高學府。大學生活令我這個井底之蛙從井底活脫脫的跳出來，讓我發現世界原是這麼大。成長過程的際遇以及所面對的困難與考驗，讓我意識到我可憑自己的努力達到成功，亦讓我相信知識可以改變命運。夢想不再是遙不可及，只要我們願意付出，憑著永不放棄、堅毅不屈的精神，路途縱是迂迴曲折，目標終可達到。

三年的大學生活充實而短暫，主修計算機科學的我，每天也是在圖書館或電腦實驗室打滾，與一大堆數字及符號搏鬥，過著不見天日與世隔絕的日子。二十多年前的大學生生活不及現在大學生般多姿多彩，我們既沒有機會參加各式各樣的海外交流，更沒有任何遊學團讓我們增廣見聞。大學學習模式的改變，再加上社會的經濟發展，現在不少大學生已有乘坐飛機的經驗。回想我的大學生活，在課餘時間及每年的暑假，不是當兼職賺取生活費，便是繼續在電腦室溫故知新，再加上家庭的經濟環境，實在不能讓我一嘗乘坐飛機的滋味。

大學生活轉眼即逝，來到大學生活的最後一個學期，我既要忙於應付畢業考試及完成各項習作，以達到畢業的要求，更要開始為將來的職業作準備。雖然投身教育界一直也是我的理想，而我亦為投身教育界做好準備，然而在一次偶然的機會下，卻讓我接觸到航空業。一間以香港作為基地的航空公司來到大學進行職業講座，內容主要介紹民航飛機師的職責，以及成為民航飛機師的條件及投考程序，當中亦有分享環節，講者生動的講解讓我深深感受到駕駛飛機的樂趣，以及其挑戰性。這亦是我第一次認識到要成為飛機師的要求，明白到飛機師除了需要掌握操作飛機的基本知識外，了解飛行理論，良好的健康體格以至個人的心理素質亦相當重要，有效的英語溝通能力更是必備條件。講座完畢後我抱著儘管一試的心態去應徵飛機師的職位，當時我對航空的認知實在有限，結果當然是名落孫山。然而應考的過程讓我第一次接觸模擬駕駛程式，感受到飛機師的一些基本操控，感覺實在讓人興奮。縱然我未能成為民航飛機師，但學習駕駛飛機的目標，已植根在我的心中。

第一次乘坐飛機

投身社會工作數年後，我終於能夠達成我兒時覺得遙不可及的經歷，第一次乘坐飛機出國旅行。香港國際機場相當大，設計新穎而且指示清晰，各項配套工作互相緊扣，讓我這個大鄉里出城的機場初哥大開眼界。機場的每一個角落也成為我的獵物，相機快門一下一下的跳動，記錄著我第一次乘坐飛機的心情，亦印證著我追尋飛行夢的盼望。

這是我人生第一次乘坐飛機的體驗，由到航空公司櫃位辦理登機手續，進入離境禁區，接受海關人員對隨身物品的檢查，到入境處的離境手續，繼而進入候機大堂及登機閘口，每一個程序也令我感到好奇。坐在登機閘口，眼見偌大的飛機登陸於停機坪，地勤人員忙於各項準備工作，有的為飛機進行最後的機件檢查工作，以確保飛機的安全運作；有的把乘客的行李送到機上，以妥善保障乘客的財物能夠到達目的地；有的負責清潔整理，以讓乘客可以在舒適的環境享受愉快的旅程；而登機閘口的職員則忙於核對乘客身份，有秩序地安排乘客登機，一切機場內每日如常運作的情境，對我而言已是非常新鮮的事物。

坐在飛機客位上，看見乘客魚貫的進入機艙，期待著飛機

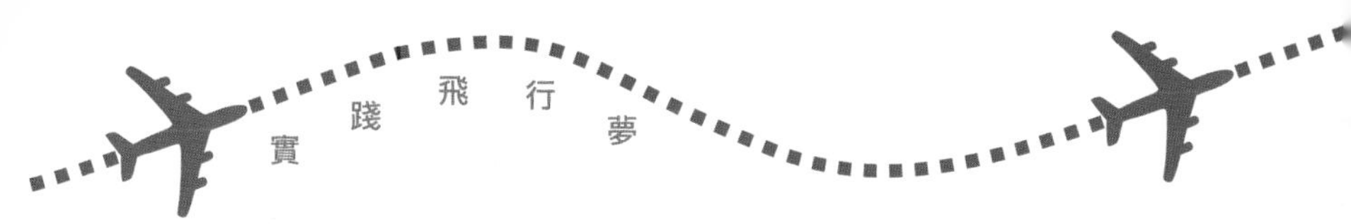

起飛的一刻，心情很是興奮。飛機開始離開停泊位置，緩緩的進入飛行跑道，接著是急遽的加速，飛機終於離開了地面，衝上雲霄。飛機離開地面後，不停的往上爬升，從高空觀看的風景，格外美麗，窗外看見的景物越來越渺小，取而代之的是一片又一片的白雲在我身邊擦過，再過一會兒，飛機已衝破雲層，在雲層之上穩定的前進。當飛機進入穩定的飛行狀態後，我的視線及注意力開始從飛機外的美景回到機艙內。飛機的座位雖然狹窄，但感覺依然良好。座位前有一部約 4 吋的電視機，節目內容包羅萬有，有所乘坐航班的各項資訊，亦有不同頻道的電視節目，以及令小朋友著迷的電子遊戲。由於我所前往的目的地航程只需兩個多小時，所以這時機艙服務員開始忙於為乘客準備膳食。以往經常聽到人們批評飛機餐如何不濟，然而在我而言，一口麵包再加一份主餐，再配上甜品及水果，以及一杯果汁，已讓我感到相當滿足。兩小時的旅程很快便過去，雖然在往後的二十多年間我多次乘坐飛機前往世界各地，但第一次乘坐飛機的經驗實在難忘。

第一次接觸飛行理論

大學畢業後，我隨即投身教育界工作，然而學習駕駛飛機的渴望卻絲毫未有退減。但以我當時的經濟狀況以及時間上限制，根本不能讓我學習駕駛飛機。在經濟方面，學習駕駛飛機需要高昂費用，當時的我初出茅廬根本不能應付所需費用，而我更不可能放下工作，無後顧之憂的花上數個月時間，遠赴外國學習駕駛飛機。因此，學習駕駛飛機的計劃，只有無限期擱置。但抱著對駕駛飛機的熱情，在偶然機會下，從朋友口中得知香港一所飛行會，將於暑假期間舉行為期約三個月的飛行理論課程，而這個課程的學費只是數千元，並且在暑假的晚上及週末進行課堂，因此在經濟及時間上均可應付，於是我便毅然報名參加。

當時航空業在香港並非主流行業，在經濟富裕的環境下，大學畢業生多選擇發展潛力優厚的商界工作，教育界及政府公務員亦絕非首選。而社會人士普遍對航空業認識不深，不少人心目中均認為學習駕駛飛機只屬有錢人的玩意。有見及此，這所飛行會便嘗試於暑假期間，舉辦為期三個月的基礎飛行理論課程，目的旨在推廣航空知識，課程主要的對象是青少年學生，而我這位學員，則已經是班中非常「年長」的學生。

課程內容包括解釋飛機如何能夠在空中飛行的「航空動力學」(Aerodynamics)；介紹飛機結構的「基礎飛機知識」(Aircraft General Knowledge)；闡述飛機飛行能力的「飛機性能及負載要求」(Performance and Loading)；探究飛行環境對人體活動影響的「航空人體學」(Human Performance and Limitation)；說明天氣如何影響飛行的「航空氣象學」(Meteorology)；講解如何策劃飛行路線及執行飛行計劃的「飛行導航」(Navigation)；細說駕駛飛機所須遵守相關法例的「航空法」(Air Law)；以及最後讓學員掌握如何與其他飛機及地面控制塔進行溝通的「航空通訊學」(Radio Telephony) ，而這八個科目就是考取飛機駕駛執照一般所涵蓋的科目。

課程組織相當認真，學員需就這八個科目進行兩次考試。雖然這是基礎課程，可是課程內容絕不簡單及輕鬆，部份同學亦未能在考試中取得及格成績。除了上課考試外，飛行會亦舉辦了參觀本港一所航空公司的活動，讓學員參觀模擬駕駛艙及其相關設備。另外，學員亦可參與一次一小時的自費飛行體驗。

飛行會為鼓勵同學投入學習，課程設有獎學金，讓考試成績最優異的三位學員，參與最後面試，整體表現最優異的學員，可獲獎學金到澳洲接受十小時的飛行實習課。當時我亦有幸參加最後的面試，結果雖然未能獲取獎學金，一嘗飛行體驗，但這次的學習經歷，已經讓我相當難忘，進一步延續我對成為飛機師的盼望。與我一起參加課程的同學多為學生，而我則是相對年紀較大的學員，可是我對學習駕駛飛機的熱誠絕不比他們遜色。這是我第一次正式接觸飛行理論，一切也是新鮮的和令人感到興奮，遇到有趣及不明白的課題，我會主動作出提問，亦不時從互聯網中搜尋相關資料，藉以增進知識。參與這個課程亦令我明白到要真正學習駕駛飛機，單是滿腔熱誠是絕對不足夠，能力要求亦是必要條件。

駕駛飛機與駕駛汽車有很大分別，駕駛汽車一般只需學習如何操控車輛，遇有突發事件只需把汽車停下來等待救援便可。駕駛飛機則完全不同，飛機師需要了解飛機的結構及飛行原理，在飛行過程中更需面對各突如其來的挑戰，應付瞬間驟變的環境，方能在空中解決種種問題，進行安全飛行。而直至我開始學習駕駛飛機以考取飛機師執照時，方發現理論與實踐同樣重要。雖然我在課程中各個科目均考獲不俗的成績，但回想起來，那時我對飛行理論的掌握實在有限，當我真正學習駕駛飛機時，我需要進一步提升對飛行理論的認識，配合駕駛飛機的實際操作，才能有信心地安全駕駛飛機。

有趣的飛行知識

修讀這個課程，亦讓我認識到一些有趣的飛行知識。首先，當我們抬頭仰望天空的時候，我們看見的是一片藍天白雲，無邊無際的天空。然而一般人也不會知道，天空上原來仔細地劃分了不同的區域，這就是所謂的「空域」（Airspace）。「空域」並非簡單地指每一個國家的領空，而是由地面向天空延伸，對不同高度、不同範圍所劃分的空間，目的在於管制航空交通，對飛機的飛行制定各項要求，確保飛機安全飛行。飛機的飛行方向及速度限制會因應不同的空域有所不同，例如當飛機飛行高度在 3000 尺以上，飛行方向便有所限制，當飛機向 0 度至 179 度方向飛行時，飛機須使用「單數千尺 + 500 尺」的飛行高度，即使用 3,500 尺、5,500 尺等高度飛行，而當飛機向 180 度至 359 度方向飛行，飛機則須使用「雙數千尺 + 500 尺」的飛行高度，即使用 4,500 尺、6,500 尺等高度飛行，以避免發生意外。然而，在地面上我們會以圍欄、界線或路牌以劃分不同的區域，而在無涯的天空上，飛機師如何知道飛機身處的空域呢？原來飛機師可從航空地圖得知空域的劃分，再根據飛機的位置及高度，便可知道飛機身處的空域。但飛機師必須具備的能力，便是透過一張平面地圖上複雜的資訊，在腦海內建構出天空立體的空間，這項能力要求確實不簡單。

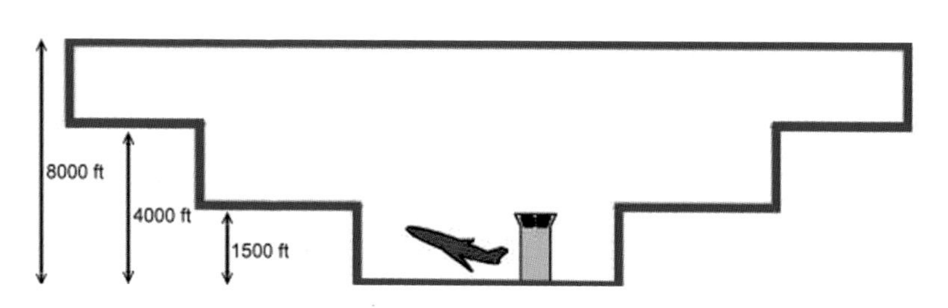

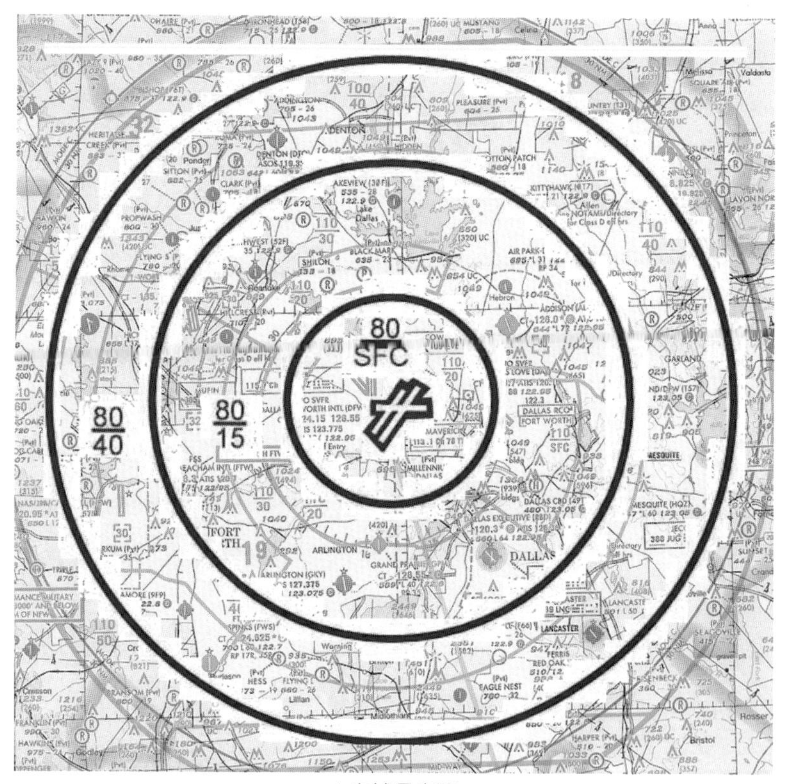

▲空域示意圖

學習飛行理論課的過程中，其中一個課題是「基礎飛機知識」，而令我印象最深刻及特別感興趣的，就是認識不同飛行儀錶的功能。在飛機師的座位前，眼前除了天空的美景，亦有大量不同的儀錶。相信任何人看見駕駛艙環境，都會對駕駛艙內大量不同種類的儀錶留下深刻印象，到底每個儀錶有何功能？對飛行的作用如何？飛機師如何懂得操控如此大量的飛行儀錶？…… 這些複雜的儀錶實在令人對操控飛機產生無限的好奇，亦因而令人對飛機師的能力充滿敬佩。其實每個儀錶也在顯示不同的飛行訊息，給予飛機師必不可少的飛行資訊，以確保飛行安全，當中包含六個重要的儀錶，包括：

- 顯示飛機在空氣中前進速度的「飛行速度儀」(Airspeed Indicator)、
- 顯示飛機航行方向的「飛行航向儀」(Heading Indicator)、
- 顯示飛機爬升及下降速度的「飛行升降速度儀」(Vertical Speed Indicator)、
- 顯示飛機航行高度的「飛行高度儀」(Altimeter)、
- 顯示飛機在空中轉向時飛行表現的「飛機轉向協調儀」(Turn Coordinator)
- 顯示飛機飛行狀態，如升降，轉向或滾動的「飛行狀態儀」(Attitude Indicator)。

每個儀錶所顯示的指標對飛行安全均非常重要，飛機師亦會因應儀錶的指標而調整飛行。

飛行速度儀　飛行狀態儀　飛行高度儀

飛機轉向協調儀　飛行航向儀　飛行升降速度儀

▲飛機六個主要飛行儀錶

另外，每當我們坐在飛機內等候飛機起飛時，在機場的停機坪，以至飛機的跑道上，都會看見各式各樣的標誌、指示牌及燈號。在修讀飛行理論課前，我對它們沒有任何認識，完全不知道它們所表達的意思。原來它們就像無聲的指導員，為飛機的安全升降，肩負重任。例如在機場跑道上，我們會看到如琴鍵伴隨著一個兩位數字的標誌，其實琴鍵顯示跑道的盡頭，數字則顯示跑道方向，這些資料對飛機的安全升降非常重要。

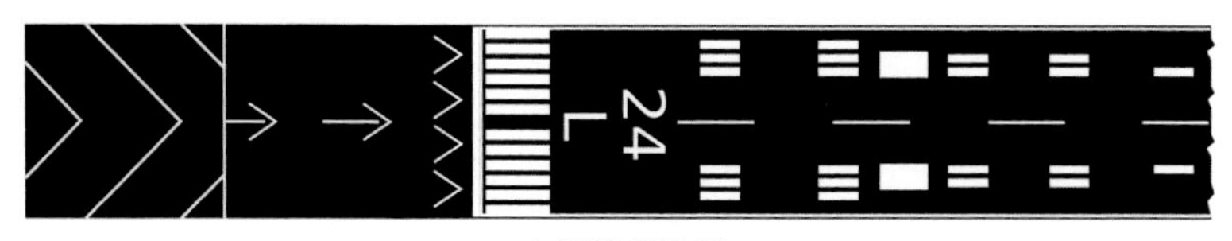

▲飛機場跑道

此外不得不介紹的，就是飛行學員一定需要學習的飛行計算器 Flight Computer。飛行計算器其實是由一個長方形及一個圓形咭板組合而成的運算工具，但它既不是間尺亦不是量角器，長方形及圓形版面上滿佈數字及線條，是一個設計非常精密的工具。這工具並非電子產品，沒有「失靈」的情況，可說是飛機師最可靠的伙伴。圓形咭板其中一面上的數字其實是對數表，版面亦包含不同單位換算功能，例如飛機師欲進行飛行時數與所需燃料對應比例的運算，便可從工具的數字中找出答案。而長方形咭版及圓形咭板的另一面，則主要計算飛機在空中受到風吹的影響下，所需調節的飛行方向及飛行速度。雖然這個工具已被電子飛行儀器所取代，在駕駛飛機的過程，已經很少拿出來「左度右度」，但它所具有的精密運算能力卻令我非常讚嘆。

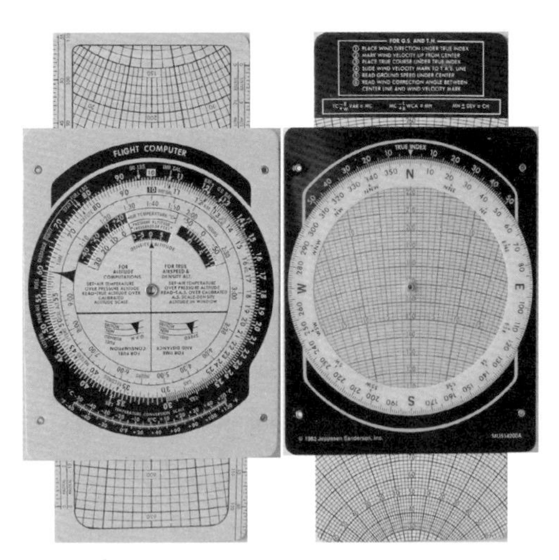

▲飛行計算器 Flight Computer

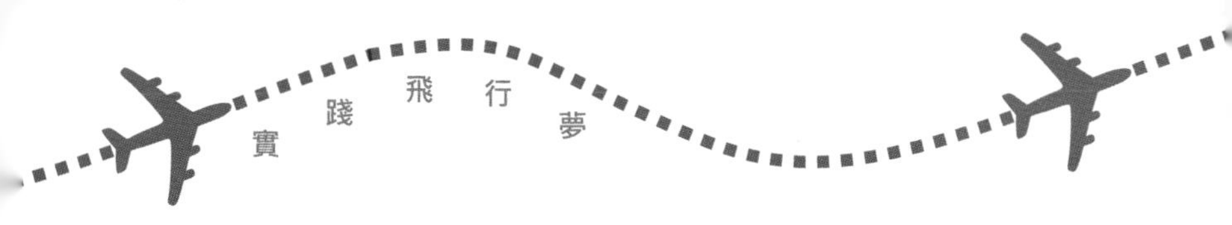

第一次駕駛小型飛機

上文提及飛行理論課程包括可讓學員自費參加一小時飛行實習課，對於這次難得機會，我當然不會錯過。這項飛行實習課，讓我可以真真正正坐在飛機師的座位，接觸以往只會在書本上看見的各項飛行儀錶及設備，欣賞以往只可從電視或電影中看到的鳥瞰山脈、海洋及陸地畫面，實在是難得的體驗。在約定飛行日子後，我對這次飛行實習課充滿期待，心情既緊張又興奮，對於飛行前所需的準備工作，以至當日應穿著的服飾，我亦主動向飛行會職員查詢，務求安排一次完美的飛行體驗！

期待的日子終於到來！

這是一個風和日麗的星期天，藍天與白雲彷彿正在向我招手，歡迎我這飛行初哥投向它們的懷抱。那天早上，我坐在前往飛機場的車上，經歷就如前往考試試場般，腦海內反覆思考著在理論課堂上學習過的飛行知識，思潮當中亦盛載著我沉積多年的飛行夢！經過一個多小時的車程，終於到達石崗機場，這是香港唯一可供私人小型飛機升降運作的飛機場。迎接我的正是我的飛行導師，他是一位資深的華人民航飛機師。香港航空業並不普及，絕大部份民航機師也是外籍人士，華人機師真的寥寥可數。而我卻有幸能夠與他一起飛行，第一次翱翔天際。

導師經驗豐富，他知道我是第一次乘坐小型飛機，刻意為我安排一次「飛機河」觀光之旅。航程安排是由石崗機場出發，直飛香港島，然後圍繞香港島一圈，最後返回石崗機場。航程擬定後，導師直接帶我到停機坪作飛行前準備。第一次看見小型飛機，心想這架只比私家車大少許的飛機，真的能夠衝上雲霄嗎？

不容我多想及發呆，導師著我與他一起對飛機進行飛行前的檢查。真想不到，進行檢查前的第一步，就是首先要把飛機從停泊處「推」往停機坪，而不是如汽車般「駛」出馬路。檢查程序正式開始，首先在飛機左方檢查駕駛艙，包括為駕駛操控桿解鎖、檢查燃油量等；接著走到機尾位置，檢查方向舵、升降舵；再走向機身右邊確保副翼正常操作，再檢查輪胎的充氣程度，以及檢查汽油有否雜質、汽油的實際數量及確定油蓋已正常蓋上；在機頭位置，則需檢查螺旋槳狀態是否正常，以及潤滑油的水平等，而機身左邊的檢查項目大致與右邊一樣。在檢查的過程中，當時導師發現其中一個輪胎支架有生銹情況，特別向維修員詢問有關保養的情況。導師一絲不拘的態度，讓我意識到這看似是千篇一律的例行檢查，雖然鮮會出現嚴重問題，但是如果我們掉以輕心，後果可是不堪設想。

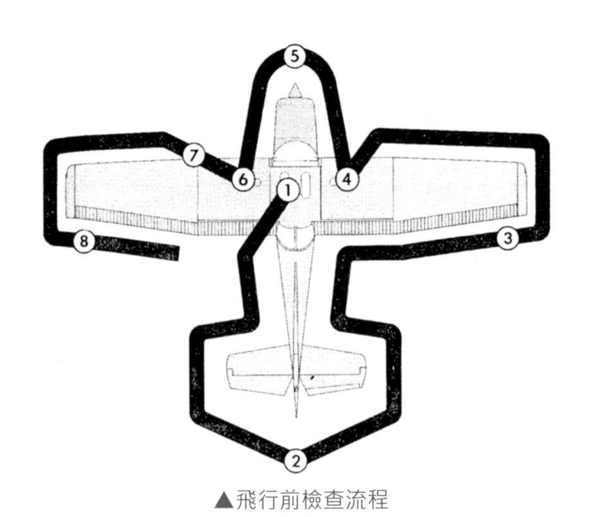

▲飛行前檢查流程

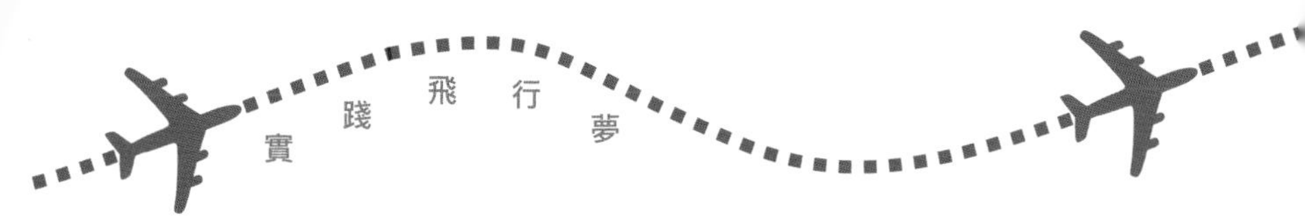

飛行前檢查完成後，導師便與機場控制塔職員聯絡，請示批准啟動飛機開始滑行。機場控制塔就如航空交通督導員，我們須得到他們的允許才可於擬定航道上飛行。而在飛行過程中，我們須透過飛機上的無線電與控制塔保持聯絡，讓飛機師從控制塔職員中知道空中交通情況，以確保每架飛機也是在安全的位置飛行。導師讓我坐在左方正機師座位，我隨即調較好座位，扣上安全帶，戴上耳機並測試能夠與導師及控制塔通話，確保通訊設備操作正常。飛機緩緩的駛出跑道，在導師完成起飛前檢查並向控制塔取得起飛許可後，一切準備就緒，接著是加速，飛機終於離開地面，向天空進發！我聽著導師的講解，看著眼前各個儀錶，雙手控制著如玩電子遊戲機的操控桿，雙腳踏著如汽車剎掣器的踏板，那一刻興奮的心情實在難以用筆墨形容。

定過神來，我開始專心聆聽導師的講解，導師向我解釋飛機內各項機件及儀錶的用途。這些機件及儀錶就如我們身體的五臟六腑，而飛機師就是飛機的腦袋及靈魂，負責指揮它們，讓它們各司其職，互相緊扣互相合作，發揮功能，讓飛機有效率及安全的飛行。雖然在理論課中，我對各個儀錶均有基本的理解，但書本只能展示靜態的圖像，而圖像亦不能因應不同的飛行狀態展示出綜合指標，因此我對儀錶運作的理解實在仍有不足之處，腦裡有著不少疑問，我當然也不恥下問，導師也不厭其煩向我逐一解釋。

以往乘坐飛機外遊，我只可以從細小的窗口欣賞飛機外的景色，然而在這次飛行之旅，我便可以在從飛機控制艙盡情地飽覽優美的景色，欣賞到香港島山明水秀的美景，看見馬路上如螞蟻般川流不息的汽車，確有大地在我腳下的感覺，這與我們在地面欣賞港島區的湖光山色截然不同。在飛行過程中，導師讓我在他的指導下嘗試控制飛機維持水平直線飛行。在地面駕車進行水平直線行駛，當然易如反掌，但飛機在空中，卻受著重力、側風等因素影響，操控難度大大提升。雖然這是我首次操控飛機，但這次水平直線飛行的操作尚算不錯，能夠維持穩定的飛行，獲得導師的讚賞，頗有滿足感。飛機著陸後，導師再次讓我的操控飛機，嘗試在駕駛飛機在地面上滑行。可是由於當時有另一架飛機正準備降落，為安全起見，最後只好把飛機快速駛回停泊處。

從飛機駛到跑道至正式離開地面，圍繞香港島再返回，途中導師向我講解飛行的相關步驟及注意事項，坦白說，我那時其實並不完全掌握導師所講解的內容。然而這次飛行經驗，不但加強我對飛行的興趣，亦增強我對駕駛飛機的信心，進一步堅定了我對學習飛行的決心。

縱然未能成為民航飛機師，但學習駕駛飛機的目標，已植根在我的心中。

第 2 章

決心踏步追尋飛行夢

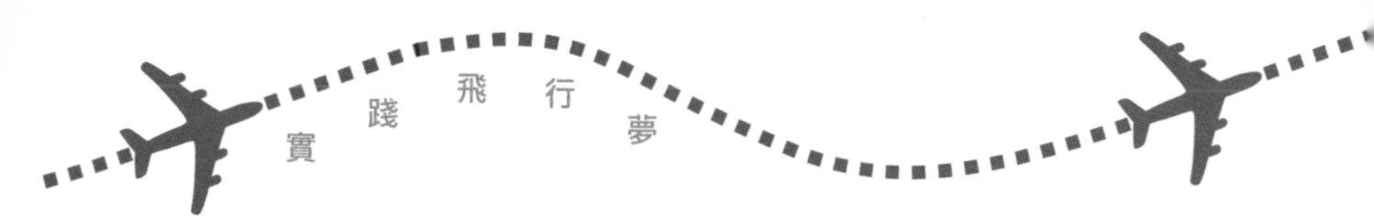

大學畢業後多年，我一直也在工作上拼搏，大部份時間也是為生活而奔波，不是忙於工作，便是忙於進修。然而學習駕駛小型飛機的願望從未在我的腦海消失，每當在報章雜誌或其他媒體看見與學習駕駛小型飛機的相關資訊時，那顆在我心裡對學習駕駛小型飛機的火焰便會再次燃燒。有時在午夜夢迴間，夢中也有著飛行的情景。可惜夢醒之後，取而代之就是失望及無奈。但我沒有放棄，更不時從各方面搜尋學習駕駛小型飛機的資訊，相信總有一天可以達成飛行夢。

學習駕駛小型飛機的考慮

一般香港人提及學習駕駛小型飛機，多會想到前往英國、澳洲、加拿大等國家，亦有部份香港人考慮到菲律賓學習駕駛小型飛機。於英國、澳洲、加拿大學習駕駛小型飛機，需面對時間、金錢及地點的限制。考取小型飛機駕駛執照的基本要求，是需要通過健康檢查、修讀理論課及接受最少四十小時的飛行訓練，當中包括特定的飛行操作練習，繼而通過飛行理論筆試，以及飛行駕駛操作考試。因此，如要成功考取小型飛機駕駛執照，必需遠赴當地進行訓練及考試，當中涉及的金錢和時間是我當時所不能負擔的。另外，由於我學習駕駛飛機的目的，純粹在於享受飛行的樂趣，因此考獲駕駛執照後的延續性，亦是一大考慮。在英國、澳洲、加拿大等地考獲飛行駕駛執照後，如欲在當地繼續享受飛行的樂趣，必須花不少時間及金錢成本前赴當地，可行性實在不高。考獲的執照，雖然可透過香港民航局申請本地的小型飛機駕駛執照，但在香港進行飛行活動亦有不少限制，下文再作解釋。

而菲律賓雖然位置較近香港，亦有提供飛行訓練，但這國家不但讓人感到不太安全，當地政府的貪污問題，亦讓我感到不太可靠，對於是否真正能夠考取飛行駕駛執照，以及有關執照的認受性，亦令人有所懷疑。

香港亦有組織開辦學習駕駛小型飛機的課程，然而收費與其他國家相比，則非常昂貴，考獲駕駛執照後進行飛行活動，亦收費高昂。最重要的是，在考取小型飛機駕駛執照的訓練過程中，學員需要接受跨境飛行訓練，此項訓練要求學員獨自進行最少1次總距離不少於150海里的長途飛行，期間學員需駕駛飛機於另外兩個機場進行升降。但香港乃一個小城市，小型飛機亦只可在石崗機場升降，根本無法達至這項飛行訓練要求。另一方面，英語是航空世界的共通語言，無論與地面控制塔或與其他機師溝通，良好的英語溝通能力非常重要。因此如在香港學習飛行，英語溝通的訓練相對較少。雖然香港經過接近一百年的英國殖民地管治，英語是香港其一的官方語言，但香港人的英語聆聽及會話能力只屬一般，飛行導師與學員的溝通，也常以中文進行。再者，位於石崗的機場其實屬軍用性質，一般只在星期六、日才讓市民進行飛行活動，飛行訓練只能斷斷續續地進行，學習成效並不理想。因此，綜觀所有因素，香港實在並非學習飛行的理想地方。

到泰國學習飛行的原因

常言道人生冥冥中有主宰，可是當機會來到時，我們仍必須努力把握，以堅定不移的信念去努力才能達到目標，踏上成功之路。多年來我也埋頭於工作，就在我對學習駕駛小型飛機的希望感到灰心的時候，竟然讓我無意間發現香港人的熱門旅遊地點 -

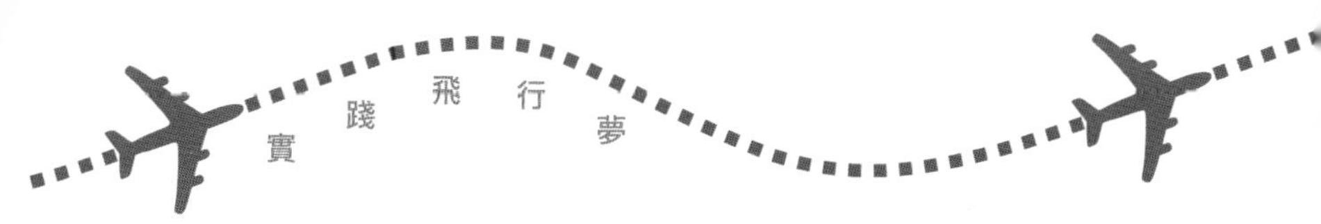

泰國，有開辦學習駕駛小型飛機的飛行會！

在一個平常的日子，好友到了曼谷旅行，他身處泰國，請求我為他找尋一些旅行資料。那時的互聯網絡不如現時普及，不是隨時隨地也可透手提電話接駁互聯網以獲得資訊。好友從泰國以電郵向我求助，於是我便透過互聯網替他搜尋相關的景點及餐廳資料。在搜尋的過程中，我無意間發現泰國有多間飛行會，當中包括位於曼谷的泰國飛行會及以清邁為基地的清邁飛行會。從網頁的資料顯示，兩所飛行會不但能提供小型飛機駕駛訓練實習課及理論課，更能安排考試以獲取由泰國民航局發出的小型飛機駕駛執照。而清邁飛行會更強調能夠安密集式飛行訓練，對於香港的上班一族而言，請假前往外地進行飛行訓練實在是一大困難，因此密集式訓練應能進一步提高考獲飛行駕駛執照的可行性。這次發現，又再重燃我對學習駕駛小型飛機的希望。

相比起到英國、澳洲、加拿大考取小型飛機駕駛執照，泰國是一個切實可以讓我達成飛行夢的地方。我很喜歡泰國這個地方，每次到泰國旅行也讓我留下美好回憶，泰國人熱情及親切的待客態度讓我印象難忘。此外從香港到泰國只需約三小時，讓我前往當地進行飛行訓練省下不少時間及機票費用。泰國的生活指數比香港低，無論在學習期間的生活費，以至實際的學習費用也在我的負擔能力範圍內。再者，香港人與泰國人溝通也是以英語為主，讓我可在英語環境內學習駕駛，以提升英語溝通能力。另外，全泰國境內均設有不少內陸機場，讓學員可進行跨境飛行訓練。更重要的是在我考獲飛行駕駛執照後，前往當地進行飛行活動所需的時間及金錢，均在我的承擔能力之內，因此不但可以達到續領當地飛行駕駛執照的要求，更可以不時到當地真真正正享受飛行的樂趣！總括而言，如欲考取私人飛機駕駛執照，大家應考慮以下主要因素：

考取駕駛執照的目的

1. 希望投身航空業，成為民航飛機師。如民航機師申請者持有私人飛機駕駛執照，必定大大提升競爭力，有更高機會被航空公司取錄。
2. 作為個人成就，並旨在享受飛行樂趣。大家必須考慮取得私人飛機駕駛執照後的延續性，是否可以在可承擔的費用、時間內繼續享受飛行的樂趣。

所需費用

1. 基本飛行課程費用，一般包括行政費、教材費、理論課、40小時飛行課。
2. 每小時（連導師）飛行費用，因學員或需額外飛行訓練，以及在考獲駕駛執照後，在當地進行飛行活動。
3. 前往飛行訓練地點的旅費，例如機票費用，當地的生活費用。

聯絡飛行會的過程

我隨即抓緊這次機會，主動與清邁飛行會接觸。可是聯絡的過程可謂一波三折！首先我在詳細瀏覽清邁飛行會的網頁後，便充滿熱誠地寄電郵予飛行會，希望進一步了解考取小型飛機駕駛執照的細節。然而，網頁上顯示的電郵地址已停用，根本無法接收電郵，而網頁內的留言版亦出現故障，無法留言。在其後的數天，情況更不理想，飛行會的網頁完全無法瀏覽。心想這飛行會是否已停止運作？考取小型飛機駕駛執照的計劃是否又要暫時放

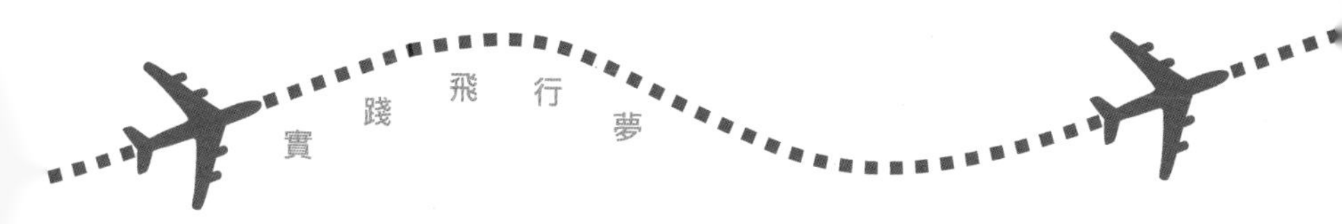

下？經過數星期的等待，飛行會的網頁終於修復過來，但很可惜，網頁的留言版功能仍然未能使用，而網頁內所提供的電郵地址依舊無效，仍然無法取得聯絡，怎麼辦？

這回只好使用較原始的方法……寄信吧！我於是撰寫了一封極具誠意的書信，寄到網頁上列出的聯絡地址，希望如果飛行會仍在運作，職員應可以被我信中的內容感動，而與我聯絡吧！日子一天一天的過去，我知道信件寄往清邁需要約一星期時間，但已過了接近兩星期，如飛行會的職員收到我的信，亦應該是時候聯絡我吧！但是卻仍未收到飛行會的回覆，忐忑的心情真是難以形容。但我仍未放棄，我決定以最後的方法，就是以電話與飛行會聯絡。於是我申請長途電話服務，計劃於長途電話服務啟用後，便致電飛行會，若仍未能取得聯絡，便「死而無悔」了。誰不知就在準備致電的當日上午，我終於收到清邁飛行會的電郵，對方寄給我簡單的課程資料及聯絡方法。皇天不負有心人，我終於聯絡上清邁飛行會了，實在太開心、太興奮了，一個多月來忐忑的心情一掃而空，我的夢想終於有機會實現了！

從清邁飛行會給我的資料，要成功考取小型飛機駕駛執照，首先需要通過身體檢查及性向測試，接著是接受最少四十小時的飛行訓練及約八十小時的飛行理論課，學員一般完成約十小時的飛行實習課，便需接受「首次單獨飛行」考試，完成所有飛行實習及理論課後，則需要通過包含七份考卷的理論筆試，以及通過最後的飛行知識口試及飛行操作考試。當中的身體檢查、性向測試、理論筆試及飛行考試均在曼谷進行，而飛行實習課及理論課則在清邁進行。有關費用方面，整項投考駕駛執照計劃包括多次往來泰國的旅費、身體檢查及性向測試的費用、飛行實習課及理論課的導師費、租借飛機費、考試費以及其他相關的行政費用。至於所需時間，計算過後，我預計可於聖誕期間約兩星期時間完成身體檢查、性向測試及首十小時的飛行練習，而接著的復活假及暑假則可完成餘下的飛行實習課及理論課。由於在進行飛行考試前必須取得理論考試及格成績，故我計劃於完成飛行及理論課後大約在十一月，前往曼谷民航局進行理論考試，最後於翌年聖誕假期進行飛行考試。

與飛行會職員透過多次電郵溝通後，我便明確表達希望前往飛行會接受飛行訓練，以考取當地的小型飛機駕駛執照。然而飛行會回覆的報名程序，不單要求我提供個人資料，我亦須預先繳付二萬六千泰銖，即大約六千元港幣，作為購買教材費用以及行政費。收到這項要求，我對前往當地進行飛行訓練不禁有點猶豫。我對飛行會的了解只限於網頁上的資訊，對於飛行會職員的認識，亦只限電子郵件的內容，其他的均一無所知。在這樣單薄的基礎上，就向對方支付金錢，面對的風險實在不容忽視，雖然金額不算太多，但我卻很有可能成為網上騙案的苦主。

經過仔細的考慮後，基於抱著考取小型飛機駕駛執照的決心，我便毅然決定冒著風險，支付共二萬六千泰銖的費用予飛行會，為實踐多年的夢想豁出去。其後的發展，當然證明我作出了一次正確的決定，但回想起來，當時的決定有如在賭場下注，只是在「勇」字當頭的心態下，就這樣作出了一次改變人生的決定。

我終於為我的飛行夢踏出重要一步了！

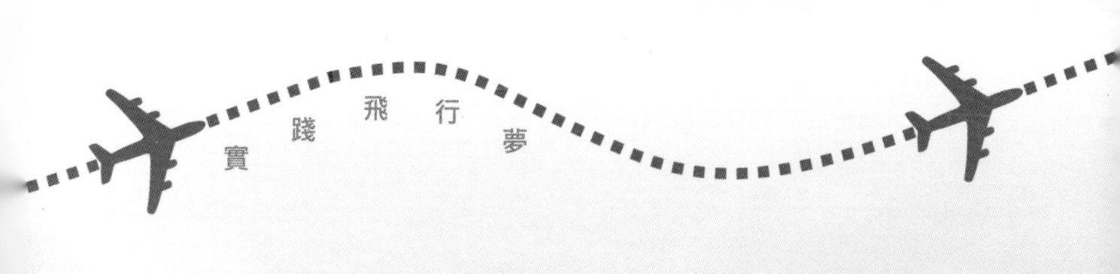

學習駕駛小型飛機的願望從未在我的腦海消失……相信總有一天可以達成飛行夢。

第3章

實踐飛行夢　毅然上路

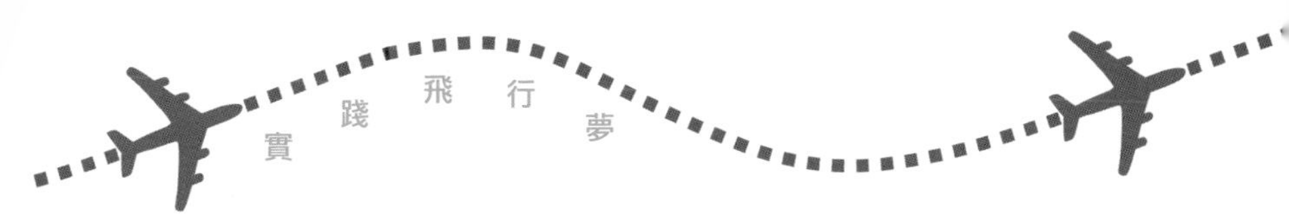

我向泰國的天空出發了！

擬定了到曼谷進行身體檢查及第一次到清邁作飛行訓練的日期後，我開始為這次追尋人生夢想的旅程作準備。首先，我必須認真為自己的身體健康作好準備，以應付身體檢查及飛行訓練的要求。雖然那時候的我只是三十多歲，正值壯年，然而多年來長時間工作，不但讓我面對沉重壓力，更令我缺乏運動。因此我開始特別注意自己的作息時間，改善自己的飲食習慣，同時開始進行簡單如跑步的運動，以加強自己的體能。接著是行程的準備，雖然我曾多次到訪曼谷，對曼谷已有初步認識，但這次我不是到當地旅遊，我需到泰國民航局指定的醫院進行身體檢查，這是一般旅遊書沒有介紹的「景點」，幸好飛行會已為我在醫院進行預約，亦為我安排於醫院附近的酒店住宿，讓我省下不少時間。因此我只需了解醫院及住宿酒店的位置，以及從曼谷機場前往醫院及酒店的方法便可。

飛行訓練在清邁進行，這是我從未到訪的地方，因此我特別為清邁之旅進行資料搜集。可是當年互聯網仍不太普及，網上資料不多。又由於我不是到當地旅遊，一般旅遊書的資訊只讓我對清邁這地方有初步認識，對於到當地進行飛行訓練的資料卻欠奉，因此我只可信賴飛行會為我作出的安排，心情難免有點忐忑不安。

距離出發的日子越來越近，然而泰國的政局又為我的旅程增添變數，飛行訓練計劃可能又遇上阻滯。在當年的十一月，泰國國內發生大型反政府示威活動，黃衫軍策動群眾推翻政府，曼谷作為泰國的首都，成為主要戰場，其後黃衫軍更策動群眾佔領曼谷國際機場，令機場暫停運作。我每日從電視播放的畫面，知道曼谷機場混亂的情況，心中很是憂慮，我的行程是否需要取消？追尋多年的夢想是否又需要延期？實在人算不如天算。幸好在我出發的時候，泰國的政局漸趨穩定，曼谷國際機場亦回復正常運作，我總算可以如期出發。

終於向泰國出發，登上前往曼谷的航班，手上拿著飛行會給我的一張身體檢查預約文件，我的心情既驚且喜。驚的是我不知道亦不能夠掌握我這次行程的遭遇，文件以泰文撰寫，我完全無法理解當中的內容，我是單人匹馬前往泰國曼谷完成所有程序，清邁飛行會並沒有派職員到曼谷為我接待。我對於身體檢查的程序、醫院的環境，以及所面對的人和事也不了解，對清邁飛行會的認知也只局限從網上得到的資訊，其餘的便一無所知，心情難免有點戰戰兢兢，情況好比唐三藏取西經，沿途必須排除萬難，方能完成目標。而喜的則是我的飛行夢終於有機會實現，一圓多年來的心願。對於這次到泰國學習飛行及考取駕駛執照的決定，我是孤注一擲的，心想如我不把握這次機會，相信在繁重的工作以及生活中不少的責任下，應難以再有機會實現我的飛行夢，便會抱憾終生。

身體檢查（Body Check）

前往曼谷的主要目的，是進行飛機師身體檢查及性向測試，以獲取飛機師學員牌照。飛機師身處高空，面對變化不定的飛行環境，需要對不同的情況作出迅速及適當的決定，繼而執行相關的飛行操作，因此健康的體格、敏銳的分析力以及可靠的性格均非常重要，這些個人條件對飛行安全有著關鍵性的影響。因此無論是駕駛小型飛機或是民航機的飛機師，國際民航局對相關條件

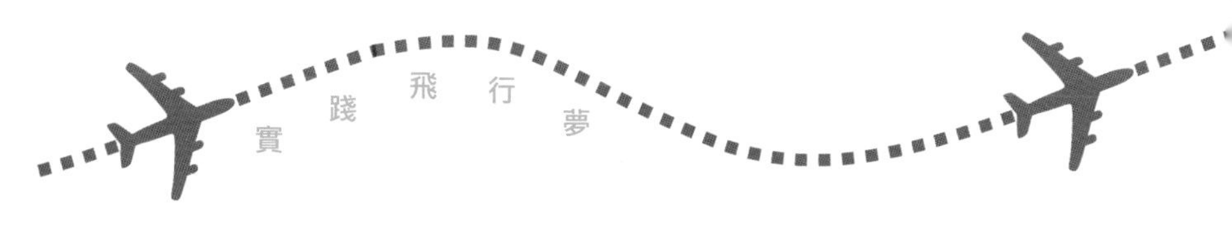

均有嚴格的規定，以符合駕駛飛機的基本要求。

由於身體檢查在早上進行，我必須於前一日到達曼谷，而身體檢查的地點是位於曼谷廊曼機場 (Don Muang Airport) 附近的泰國皇家空軍醫院 (Institute of Aviation Medicine, Royal Thai Air Force, 171 Phaholyotin Road, Bangkok 10220)。這是一座四層高的建築物，在 Bhumiphol Hospital 的左面。身體檢查的程序包括血液及尿液檢驗，當中要求接受檢查的人必須於檢查前 8 小時開始禁食，我當然亦乖乖遵從。身體檢查當日，我於早上 8 時前已到達醫院，其實泰國的民航及空軍飛機師亦是在這所醫院進行身體檢查，故輪候的人數也不少。

▲泰國皇家空軍醫院

▲泰國皇家空軍醫院大堂

▲泰國皇家空軍醫院走廊一角——WE SERVE AVIATION COMMUNITY

想不到在到達後需面對的第一項困難，便是醫院內差不多所有指示牌均只用泰文撰寫，我完全無法明白當中的意思。幸好在我主動求助下，職員指示我首先提取輪候號碼，再等待進行手續。其實我身為一個外國人，單獨前往陌生的醫院進行身體檢查，加上文件以泰文書寫，我對信的內容一無所知，這實在令我產生一定程度的不安。然而既然我已決定到泰國學習及考取駕駛執照，我便選擇相信飛行會，能夠為我達成夢想，而我便應勇敢冷靜的面對一切。當我把飛行會給我的預約信交給醫院職員，竟又想不到接待處大部份職員的英語水平很低，以致溝通出現很大困難。當中還發生一件趣事，當職員處理我的文件期間，醫院突然播放一首泰文歌曲，職員頓時暫停手上工作，默不作聲，若有所思般站立著，我不明就裡就有禮貌地提點職員繼續工作，詢問是否需要補充資料，但當我再次提出要求時，該職員便不太客氣地說：「Please wait for the national anthem!」我才恍然大悟，原來正在播放的歌曲，就是泰國國歌，所有職員必須放下工作肅立以示尊敬，但我當然對泰國國歌全無認知，完全無意作出冒犯，不知者不罪，我便只好尷尬地以傻笑回應。

交過預約信、繳付 1,600 泰銖作身體檢查以及 900 泰銖作性向測試費用後，各項身體檢查便正式開始。由於我並非醫護人員，實在無法說明各項身體檢查的要求，故只有盡量對檢查過程作較詳細的介紹。

(1) 病歷記錄

身體檢查的第一個步驟，就是要求申請人填寫一份非常詳細的病歷表。我肯定這是我所有曾經填寫過的病歷表之中，一份最

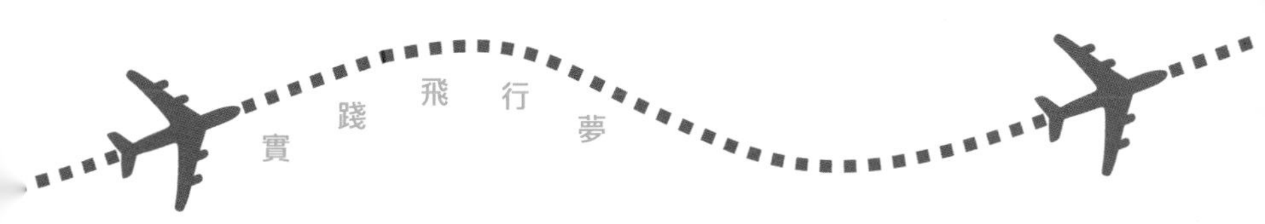

詳細、最嚴謹的表格，原來填寫病歷表又是一項能力要求！除填寫基本個人資料外，表格首先要求申請人交代所有近親成員的健康資料，包括父親、母親、配偶、兄弟姊妹及子女的年齡及健康狀況，若有親屬已身故，則需填寫去世原因及年齡。另外，近親成員是否曾經患有肺結核、糖尿病、癌症、腎病、心臟病、胃病等疾病，又是否曾經有自殺或精神失常的記錄，以及曾否出現一些其實我也不明白其意思的疾病。

病歷表要求填寫這些內容，實在令我大感意外，我以為投考飛機師資格只屬個人事務，只需報告個人健康狀況，誰不知近親成員的資料也要詳細交代，以了解出現家族遺傳病的可能性。我有多達十位上述的近親成員，填寫所有資料也頗費氣力。由於我已建立自己的家庭，並與其他親屬分開生活，對於他們近期的健康狀況，實在所知不多，我只可根據我可以提供的資料，誠實地逐一作出交代。大家或許認為，縱然填寫不實的資料，相信泰國民航局亦難以查核，毋須太認真處理。然而我對此等處理方法，實在有所保留。飛行駕駛活動本身包含一定程度安全風險，若因身體健康問題而出現意外，無論對飛機師及乘客均可能出現嚴重生命威脅，若隱瞞病歷而其後考獲飛機駕駛執照，對自己及乘客均構成潛在風險，隱瞞病歷資料實在是既不智又不負責任的行為。再者，誠實的品格亦是飛機師一項重要的性格特質，令飛行安全得到保障。

努力交代家人身體健康狀況後，填寫病歷表的下一部份卻更具挑戰性。病歷表臚列七十多項健康問題，要求飛機師學員逐一作答，指出是否曾經出現有關疾病。由於項目實在太多，我不宜在此逐一解釋，大家可自行參閱附圖，作更詳細了解。坦白而言，我當時確實無法理解所有疾病項目，由於醫院內的職員只有非常有限的英文口語水平，我相信如作出提問，也難以在短時間內明白所有項目的意思，怎麼辦？幸好我一向身體狀況良好，從來只有患傷風、感冒等輕微疾病導致身體不適，以往完全沒有入住醫院治療的病歷，因此我便決定簡單地填寫 “No” ，作最合理的回答，總算是解決了這部份病歷表的要求。

填寫病歷表的挑戰仍未完結，病歷表的背頁包含十多道較詳細的問題，嘗試以另一方式了解飛機師學員的身體狀況。例如，申請人是否曾經因為某種健康理由而不能繼續工作或不獲聘用，曾否出現學習障礙，以及是否曾被拒絕購買人壽保險等等，若曾出現任何一項，則須交代詳情。基於我一向身體健康良好，我便以同樣策略處理，放心回答 “No” 。

終於完成交代病歷的程序，然而一份詳盡的病歷表，已經清楚告訴任何有意成為飛機師的人，必須努力維持健康的體魄，將來方能一圓飛行夢。

กรมแพทย์ทหารอากาศ　　ทอ. พ. ๔๑๒

เอกสารลับ

REPORT OF MEDICAL HISTORY

CONFIDENTIAL

THIS INFORMATION IS FOR OFFICIAL USE ONLY AND WILL NOT BE RELEASED TO UNAUTHORIZED PERSONS

1. LAST NAME—FIRST NAME—MIDDLE NAME | 2. GRADE AND COMPONENT OR POSITION | 3. IDENTIFICATION NO.

4. HOME ADDRESS (*Number, street or RFD, city or town, zone and State*) | 5. PURPOSE OF EXAMINATION | 6. DATE OF EXAMINATION

7. SEX | 8. RACE | 9. TOTAL YRS. GOVT. SERVICE: MILITARY / CIVILIAN | 10. DEPARTMENT, AGENCY, OR SERVICE | 11. ORGANIZATION UNIT

12. DATE OF BIRTH | 13. PLACE OF BIRTH | 14. NAME, RELATIONSHIP, AND ADDRESS OF NEXT OF KIN

15. EXAMINING FACILITY OR EXAMINER, AND ADDRESS | 16. OTHER INFORMATION

17. STATEMENT OF EXAMINEE'S PRESENT HEALTH IN OWN WORDS (*Follow by description of past history, if complaint exists*)

18. FAMILY HISTORY

RELATION	AGE	STATE OF HEALTH	IF DEAD, CAUSE OF DEATH	AGE AT DEATH
FATHER				
MOTHER				
SPOUSE				
BROTHERS AND SISTERS				
CHILDREN				

19. HAS ANY BLOOD RELATION (*Parent, brother, sister, other*) OR HUSBAND OR WIFE:

YES	NO	(Check each item)	RELATION(S)
		HAD TUBERCULOSIS	
		HAD SYPHILIS	
		HAD DIABETES	
		HAD CANCER	
		HAD KIDNEY TROUBLE	
		HAD HEART TROUBLE	
		HAD STOMACH TROUBLE	
		HAD RHEUMATISM (*Arthritis*)	
		HAD ASTHMA, HAY FEVER, HIVES	
		HAD EPILEPSY (*Fits*)	
		COMMITTED SUICIDE	
		BEEN INSANE	

20. HAVE YOU EVER HAD OR HAVE YOU NOW (*Place check at left of each item*)

YES	NO	(Check each item)	YES	NO	(Check each item)	YES	NO	(Check each item)	YES	NO	(Check each item)
		SCARLET FEVER, ERYSIPELAS			GOITER			TUMOR, GROWTH, CYST, CANCER			"TRICK" OR LOCKED KNEE
		DIPHTHERIA			TUBERCULOSIS			RUPTURE			FOOT TROUBLE
		RHEUMATIC FEVER			SOAKING SWEATS (*Night sweats*)			APPENDICITIS			NEURITIS
		SWOLLEN OR PAINFUL JOINTS			ASTHMA			PILES OR RECTAL DISEASE			PARALYSIS (*Inc. infantile*)
		MUMPS			SHORTNESS OF BREATH			FREQUENT OR PAINFUL URINATION			EPILEPSY OR FITS
		WHOOPING COUGH			PAIN OR PRESSURE IN CHEST			KIDNEY STONE OR BLOOD IN URINE			CAR, TRAIN, SEA, OR AIR SICKNESS
		FREQUENT OR SEVERE HEADACHE			CHRONIC COUGH			SUGAR OR ALBUMIN IN URINE			FREQUENT TROUBLE SLEEPING
		DIZZINESS OR FAINTING SPELLS			PALPITATION OR POUNDING HEART			BOILS			FREQUENT OR TERRIFYING NIGHTMARES
		EYE TROUBLE			HIGH OR LOW BLOOD PRESSURE			VENEREAL DISEASE			DEPRESSION OR EXCESSIVE WORRY
		EAR, NOSE OR THROAT TROUBLE			CRAMPS IN YOUR LEGS			RECENT GAIN OR LOSS OF WEIGHT			LOSS OF MEMORY OR AMNESIA
		RUNNING EARS			FREQUENT INDIGESTION			ARTHRITIS OR RHEUMATISM			BED WETTING
		CHRONIC OR FREQUENT COLDS			STOMACH, LIVER OR INTESTINAL TROUBLE			BONE, JOINT, OR OTHER DEFORMITY			NERVOUS TROUBLE OF ANY SORT
		SEVERE TOOTH OR GUM TROUBLE			GALL BLADDER TROUBLE OR GALL STONES			LAMENESS			ANY DRUG OR NARCOTIC HABIT
		SINUSITIS			JAUNDICE			LOSS OF ARM, LEG, FINGER, OR TOE			EXCESSIVE DRINKING HABIT
		HAY FEVER			ANY REACTION TO SERUM, DRUG OR MEDICINE			PAINFUL OR "TRICK" SHOULDER OR ELBOW			HOMOSEXUAL TENDENCIES

21. HAVE YOU EVER (*Check each item*)

YES	NO	(Check each item)	YES	NO	(Check each item)
		WORN GLASSES			ATTEMPTED SUICIDE
		WORN AN ARTIFICIAL EYE			BEEN A SLEEP WALKER
		WORN HEARING AIDS			LIVED WITH ANYONE WHO HAD TUBERCULOSIS
		STUTTERED OR STAMMERED			COUGHED UP BLOOD
		WORN A BRACE OR BACK SUPPORT			BLED EXCESSIVELY AFTER INJURY OR TOOTH EXTRACTION

22. FEMALES ONLY: A. HAVE YOU EVER—

- BEEN PREGNANT
- HAD A VAGINAL DISCHARGE
- BEEN TREATED FOR A FEMALE DISORDER
- HAD PAINFUL MENSTRUATION
- HAD IRREGULAR MENSTRUATION

B. COMPLETE THE FOLLOWING

- AGE AT ONSET OF MENSTRUATION
- INTERVAL BETWEEN PERIODS
- DURATION OF PERIODS
- DATE OF LAST PERIOD
- QUANTITY: ☐ NORMAL ☐ EXCESSIVE ☐ SCANTY

23. HOW MANY JOBS HAVE YOU HAD IN THE PAST THREE YEARS?

24. WHAT IS THE LONGEST PERIOD YOU HELD ANY OF THESE JOBS? MONTHS

25. WHAT IS YOUR USUAL OCCUPATION?

26. ARE YOU (*Check one*) ☐ RIGHT HANDED ☐ LEFT HANDED

ROYAL THAI AIR FORCE

▲病歷記錄申報表（一）

YES	NO	CHECK EACH ITEM YES OR NO. EVERY ITEM CHECKED "YES" MUST BE FULLY EXPLAINED IN BLANK SPACE ON RIGHT	
		27. HAVE YOU BEEN UNABLE TO HOLD A JOB BECAUSE OF: A. SENSITIVITY TO CHEMICALS, DUST, SUNLIGHT, ETC.	
		B. INABILITY TO PERFORM CERTAIN MOTIONS	
		C. INABILITY TO ASSUME CERTAIN POSITIONS	
		D. OTHER MEDICAL REASONS (*If yes, give reasons*)	
		28. HAVE YOU EVER WORKED WITH RADIOACTIVE SUBSTANCE?	
		29. DID YOU HAVE DIFFICULTY WITH SCHOOL STUDIES OR TEACHERS? (*If yes, give details*)	
		30. HAVE YOU EVER BEEN REFUSED EMPLOYMENT BECAUSE OF YOUR HEALTH? (*If yes, state reason and give details*)	
		31. HAVE YOU EVER BEEN DENIED LIFE INSURANCE? (*If yes, state reason and give details*)	
		32. HAVE YOU HAD, OR HAVE YOU BEEN ADVISED TO HAVE, ANY OPERATIONS? (*If yes, describe and give age at which occurred*)	
		33. HAVE YOU EVER BEEN A PATIENT (*committed or voluntary*) IN A MENTAL HOSPITAL OR SANATORIUM? (*If yes, specify when, where, why, and name of doctor, and complete address of hospital or clinic*)	
		34. HAVE YOU EVER HAD ANY ILLNESS OR INJURY OTHER THAN THOSE ALREADY NOTED? (*If yes, specify when, where, and give details*)	
		35. HAVE YOU CONSULTED OR BEEN TREATED BY CLINICS, PHYSICIANS, HEALERS, OR OTHER PRACTITIONERS WITHIN THE PAST 5 YEARS? (*If yes, give complete address of doctor, hospital, clinic, and details*)	
		36. HAVE YOU TREATED YOURSELF FOR ILLNESSES OTHER THAN MINOR COLDS? (*If yes, which illnesses*)	
		37. HAVE YOU EVER BEEN REJECTED FOR MILITARY SERVICE BECAUSE OF PHYSICAL, MENTAL, OR OTHER REASONS? (*If yes, give date and reason for rejection*)	
		38. HAVE YOU EVER BEEN DISCHARGED FROM MILITARY SERVICE BECAUSE OF PHYSICAL, MENTAL, OR OTHER REASONS? (*If yes, give date, reason, and type of discharge: whether honorable, other than honorable, for unfitness or unsuitability*)	
		39. HAVE YOU EVER RECEIVED, IS THERE PENDING, HAVE YOU APPLIED FOR, OR DO YOU INTEND TO APPLY FOR PENSION OR COMPENSATION FOR EXISTING DISABILITY? (*If yes, specify what kind, granted by whom, and what amount, when, why*)	

I CERTIFY THAT I HAVE REVIEWED THE FOREGOING INFORMATION SUPPLIED BY ME AND THAT IT IS TRUE AND COMPLETE TO THE BEST OF MY KNOWLEDGE.
I AUTHORIZE ANY OF THE DOCTORS, HOSPITALS, OR CLINICS MENTIONED ABOVE TO FURNISH THE GOVERNMENT A COMPLETE TRANSCRIPT OF MY MEDICAL RECORD FOR PURPOSES OF PROCESSING MY APPLICATION FOR THIS EMPLOYMENT OR SERVICE.

TYPED OR PRINTED NAME OF EXAMINEE	SIGNATURE

40. PHYSICIAN'S SUMMARY AND ELABORATION OF ALL PERTINENT DATA (*Physician shall comment on all positive answers in items 20 thru 39*)

TYPED OR PRINTED NAME OF PHYSICIAN OR EXAMINER	DATE	SIGNATURE	NUMBER OF ATTACHED SHEETS

▲病歷記錄申報表（二）

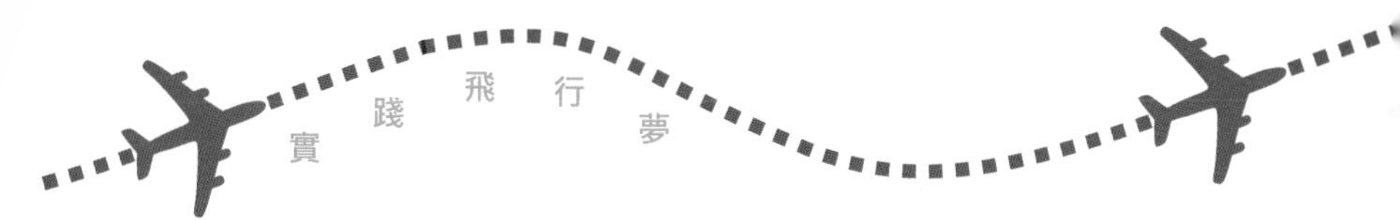

REPORT OF MEDICAL HISTORY

THIS INFORMATION IS FOR OFFICIAL USE ONLY AND WILL NOT BE RELEASED TO UNAUTHORIZED PERSONS

1. LAST NAME—FIRST NAME—MIDDLE NAME					2. GRADE AND COMPONENT OR POSITION	3. IDENTIFICATION NO.
4. HOME ADDRESS (Number, street or RFD, city or town, zone and State)					5. PURPOSE OF EXAMINATION	6. DATE OF EXAMINATION
7. SEX	8. RACE	9. TOTAL YRS. GOVT. SERVICE	MILITARY	CIVILIAN	10. DEPARTMENT. AGENCY, OR SERVICE	11. ORGANIZATION UNIT
12. DATE OF BIRTH	13. PLACE OF BIRTH				14. NAME, RELATIONSHIP, AND ADDRESS OF NEXT OF KIN	
15. EXAMINGING FACILITY EXAMINER, AND ADDRESS					16. OTHER INFORMATION	
17. STATEMENT OF EXAMINEE'S PRESENT HEALTH IN OWN WORDS. (Follow by description of past history, if complaint exists)						

18. FAMILY HISTORY					19. HAS ANY BLOOD RELATION (Parent, brother, sister, other) OR HUSBAND OR WIFE			
RELATION	AGE	STATE OF HEALTH	IF DEAD, CAUSE OF DEATH	AGE AT DEATH	YES	NO	(Check each item)	RELATION(S)
FATHER							HAD TUBERCULOSIS	
MOTHER							HAD SYPHILIS	
SPOUSE							HAD DIABETES	
BORTHERS AND SISTERS							HAD CANCER	
							HAD KIDNEY TROUBLE	
							HAD HEART TROUBLE	
							HAD STOMACH TROUBLE	
							HAD RHEUMATISM (arthritis)	
CHILDREN							HAD ASYHMA, HAY FEVER, HIVES	
							HAD EPILEPSY (Fits)	
							COMMITTED SUICIDE	
							BEEN INSANE	

20. HAVE YOU EVER HAD OR HAVE YOU NOW (Please check at left of each item)											
YES	NO	(Check each item)	YES	NO	(Check each item)	YES	NO	(Check each item)	YES	NO	(Check each item)
		SCARLET FEVER. ERYSIPELAS			GOITER			TUMOR, GROWTH, CYST, CANCER			"TRICK" OR LOCKED KNEE
		DIPHTHERIA			TUBERCULOSIS			RUPTERE			FOOT TROUBLE
		RHEUMATIC FEVER			SOAKING SWEATS (Night sweats)			APPENDICITIS			NEURITIS
		SWOLLEN OR PAINFUL JOINTS			ASTHMA			PILES OR RECTAL DISEASE			PARALYSIS (Inc infantile)

		MUMPS			SHORTNESS OF BREATH			FREQUENT OR PAINFUL URINATION			EPILEPSY OF FITS
		WHOOPING COUGH			PAIN OR PRESSURE IN CHEST			KIDNEY STONE OR BLOOD IN URINE			CAR, TRAIN, SEA OR AIR SICKNESS
		FREQUENT OR SEVERE HEADACHE			CHRONIC COUGH			SUGAR OR ALBUMIN IN URINE			FREQUENT TROUBLE SLEEPING
		DIZZINESS OR FAINTING SPELLS			PALPITATION OR POUNDING HEART			BOILS			FREQUENT OR TERRIFYING NIGTMARES
		EYE TROUBLE			HIGH OR LOW BOOLD PRESSURE			VENEREAL DISEASE			DEPRESSION OR EXCESSIVE WORRY
		EAR, NOSE OR THROAT TROUBLE			CRAMPS IN YOUR LEGS			RECENT GAIN OR LOSS OF WEIGHT			LOSS OF MEMORY OR AMNESIA
		RUNNING EARS			FREQUENT INDIGESTION			ARTHRITS OF RHEUMATISM			BED WETTING
		CHRONIC OR FREQUENT COLDS			STOMACH, LIVER OR INTESTINAL TROUBLE			BONE, JOINT OR OTHER DEFORMITY			NERVOUS TROUBLE OF ANY SORT
		SEVERE TOOTH OR GUM TROUBLE			GALL BLADDER TROUBLE OR GALL STONES			LAMENESS			ANY DRUG OR NARCOTIC HABIT
		SINUSITIS			JAUNDICE			LOSS OF ARM, LEG, FINGER, OR TOE			EXCESSIVE DRINKING HABIT
		HAY FEVER			ANY REACTION TO SERUM, DRUG OR MEDICINE			PAINFUL OR "TRICK" SHOULDER OR ELBOW			HOMOSEXUAL TENDENCIES

21. HAVE YOU EVER (Check each item)						22. FEMALES ONLY: A. HAVE YOU EVER – B. COMPLETE THE FOLOWING				
		WORN GLASSES			ATTEMPTED SUICIDE			BEEN PREGNAT		AGE AT ONSET OF MENSTRUATION
		WORN AN ARTIFICIAL EYE			BEEN A SLEEP WALKER			HAD A VAGINAL DISCHARGE		INTERVAL BETWEEN PERIODS
		WORN HEARING AIDS			LIVED WITH ANYONE WHO HAD TUBERCULOSIS			BEEN TREATED FOR A FEMALE DISORDER		DURATION OF PERIODS
		STUTTERED OR STAMMERED			COUGHED UP BLOOD			HAD PAINFUL MENSTRUATION		DATE OF LEST PERIOD
		BACK SUPPORT			BLEED EXCESSIVELY AFTER INJURY OR TOOTH EXTRACTION			HAD IRREGULAR MENSTRUATION		QUANTITY: ☐ NORMAL ☐ EXCESSIVE ☐ SCANTY
23. HOW MANY JOBS HAVE YOUR HAD IN THE PAST THREE YEARS?			24. WHAT IS THE LONGEST PERIOD YOU HELD ANY OF THESE JOBS? MONTHS			25. WHAT IS YOUR USUAL OCCUPATION?			26. ARE YOUR (Check one) ☐ RIGHT HANDED ☐ LEFT HANDED	

YES	NO	CHECK EACH ITEM YES OR NO. EVERY ITEM CHECKED "YES" MUST BE FULLY EXPLAINED IN BLANK SPACE ON RIGHT	
		27. HAVE YOU BEEN UNABLE TO HOLD A JOB BECAUSE OF A. SENSITIVITY TO CHEMICALS, DUST, SUNLIGHT, ETC.	
		B. INABILITY TO PERFORM CERTAIN MOTIONS	
		C. INABILITY TO ASSUME CERTAIN POSITIONS	

		D. OTHER MEDICAL REASONS (If yes, give reasons)	
		28. HAVE YOU EVER WORKED WITH RADIOACTIVE SUBSTANCE?	
		29. DID YOU HAVE DIFFICULTY WITH SCHOOL STUDIES OR TEACHERS? (If yes, give details)	
		30. HAVE YOU EVER BEEN REFUSED EMPLOYMENT BECAUSE Of YOUR HEALTH? (If yes, state reason and give details)	
		31. HAVE YOU EVER BEEN DENIED LIFE INSURANCE? (If yes, state reason and give details)	
		32. HAVE YOU HAD OR HAVE YOU BEEN ADVISED TO HAVE ANY OPERATIONS (IF yes, describe and give age at which occurred)	
		33. HAVE YOU EVER BEEN A PATIENT (committed or voluntary) IN A MENTAL HOSPITAL OR SANATORIUM? (If yes, specify when, where, why, and name of doctor, and complete address of hospital or clinic)	
		34. HAVE YOU EVER HAD ANY ILLNESS OR INJURY OTHER THEN THOSE ALREADY NOTED? (If yes, specify when, where, and give details)	
		35. HAVE YOU CONSULTED OR BEEN TREATED BY CLINICS, PHYSICIANS, HEALERS, ON OTHER PRACTITIONERS WITHIN THE PAST 5 YEARS? (If yes, give complete address of doctor, hospital clinic and details)	
		36. HAVE YOU TREATED YOURSELF FOR ILLNESSES OTHER THAN MINOR COLDS? (If yes, which illnesses)	
		37 HAVE YOU EVER BEEN REJECTED FOR MILITARY SERVICE BECAUSE Of PHYSICAL MENTAL OR OTHER REASONS? (If yes, give date and reason for rejection)	
		38. HAVE YOU EVER SEEN DISCHARGED FROM MILITARY SERVICE BECAUSE OF PHYSICAL, MENTAL, OR OTHER REASONS? (If yes, give date, reason, and type of discharge: whether honorable, other than honorable, for unfitness or unsuitability)	
		39 HAVE YOU EVER RECEIVED, IS THERE PENDING, HAVE YOU APPLIED FOR OR DO YOU INTEND TO APPLY FOR PENSION OR COMPENSATION FOR EXISTING DISABILITY (If yes, specify what kind, granted by whom, and what amount, when, why)	

I CERTIFY THAT I HAVE REVIEWED THE FOREGOING INFORMATION SUPPLIED BY ME AND THAT IT IS TRUE AND COMPLETE TO THE BEST OF MY KNOWLEDGE.

I AUTHORIZE ANY OF THE DOCTORS, HOSPITALS, OR CLINICS MENTIONED ABOVE TO FURNISH THE GOVERNMENT A COMPLETE TRANSCRIPT OF MY MEDICAL RECORD FOR PURPOSES OF PROCESSING MY APPLICATION FOR THIS EMPLOYMENT OR SERVICE.

TYPED OR PRINTED NAME OF EXAMINEE	SIGNATURE

40. PHYSICAN'S SUMMARY AND ELABORATION OF ALL PERTINENT DATA (Physician shall comment on all positive answers in item 20 thru 39)

TYPED OR PRINTED NAME OF PHYSICIAN OF EXAMINER	DATE	SIGNATURE	NUMBER OF ATTACHED SHEETS

(2) 血液及尿液檢驗

完成填寫病歷表後，隨即進行血液及尿液檢驗。醫院考慮到飛機師進行此檢驗之前不可進食，亦十分周到地提供早餐券，完成血液及尿液檢驗後，我便帶著醫院給我的早餐券到醫院餐廳享用早餐，才作進一步的檢驗。這雖然是一頓普通早餐，但飛行學員申請者絕對不能輕視，因為當天需要進行一項要求極高的「能力及性格傾向測驗」，若身體血糖偏低，個人的專注及分析能力必然變差，這便會大大影響測驗的表現，或會因而導致考核失敗。

▲泰國皇家空軍醫院餐廳

(3) 心肺功能檢驗

肺功能檢驗，就是一般運用 X 光進行照肺檢驗。我站機器前，醫護人員請我深深吸氣後，便拍攝 X 光照片，了解肺部狀況。測試心臟功能，是透過繪製心電圖 Electrocardiogram (ECG) 技術進行，心電圖可記錄心臟跳動的頻率及幅度，透過這項檢測便可知道心臟的健康狀況。

(4) 視力檢驗

視力檢驗包括多項測試，過程相當全面及嚴謹，因為良好的

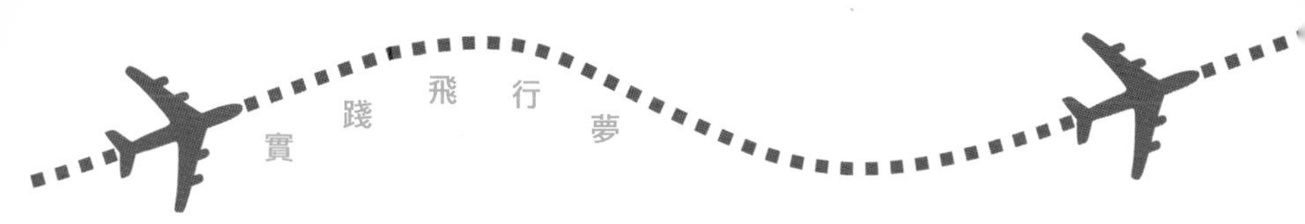

視力對飛機師非常重要。由於我並無近視、遠視及散光等視力問題，因此無需配戴眼鏡，但醫護人員亦十分謹慎，在我進入驗眼室時首先確定我沒有配戴隱形眼鏡，才進行一連串的檢驗。首先是最基本的電腦驗眼及在特定距離朗讀出看到的英文字及數字，以檢驗我的視力情況。雖然我不知道對飛機師的視力要求，但我相信我的視力測試絕對合格。接著是色弱或色盲測試，這也是我們一般也曾進行的測試，就是在一個滿佈圓點及相近色系的圓形圖案中找出圖形內的數字。清楚辨別顏色對飛機師非常重要，因為無論飛行儀錶、飛機訊號燈以及機場跑道上的導引燈光，各種顏色均代表不同的意思，患有色盲或嚴重色弱者肯定無法成為飛機師。

除了以上兩項的基本檢驗，檢查更包括視覺的聚焦能力。測試眼睛聚焦需要進行三項測試，方法相當有趣。第一項測試是透過特定驗眼儀器，我的右眼從儀器內看見一個凌空坐著的人物圖案，左眼則看到一輛巴士的側面及一排排的座位，我需說出能夠看到該人物圖案坐在巴士上哪一個最前座位，以檢驗視覺的聚焦能力。第二項測試是醫護人員把一支直尺以水平位置放在我的鼻樑上，在距離鼻樑大約 10 至 15 厘米的直尺上，放有一張約一吋半乘一吋半的紙張，紙張上印有數行非常細小的英文字，字體由大至細排列，醫護人員要求我需讀出各英文字。在第三項測試中，醫護人員首先要求我望著紙張，其後醫護人員把紙張快速推近雙眼，以測試雙眼的聚焦能力。

接著又是另一項有趣的測試，我進入一個燈光較暗的房間後，醫護人員首先請我坐在椅子上，再要求我兩手各拿著一條繩子，兩條繩子穿越前方約 15 尺一塊木板內的開口，木板開口大約3至4吋高、1尺闊，在木板之後，每組繩子串有一塊金屬片，兩塊金屬片前後擺放，我需要然後按指示拉動繩子，令兩塊金屬片接近平排位置。這項測試需進行兩次，第一次是右邊繩子的金屬片在前、左邊繩子的金屬片在後，第二次則相反位置擺放。由於我只可從前方15尺的一個小木板開口辨別金屬片的位置，再加上房間燈光較暗，這項測試確實有一定的難度。

接著是眼壓的測試，這項測試比較簡單，只是透過一部特別的驗眼機，我需看著驗眼機內的紅色指示點，其後驗眼機向我眼球吹氣，以測試眼睛對吹氣的反應。最後是透過特別的驗眼機，以測試周邊視野的能力。測試需左右眼分別進行，我需首先看著驗眼機內白色弧形螢幕中間的黑點，其間白色弧形螢幕上會不定時及不定位置閃現灰點，當我看見有任何灰色點出現時，便需按動按鈕確認。

(5) 聽力測試

聽力測試是在一個如電話亭般大小的隔音廂內進行，兩隻耳朵分別進行測試，首先我需戴上耳筒，令耳朵不能聽到外來的聲音。負責測試的工作員會在房間外控制測試儀器，當我聽到聲音時便需按動房內特定的按鈕，以作確認。測試包括聆聽不同頻率、不同音量的聲音，工作員逐一播放不同頻率，而音量則逐漸降低，直至聆聽不到聲音，然後再作另一頻率的測驗。

(6) 牙齒及口腔檢查

這是一般的牙科口腔檢查，醫生請我躺在牙科檢查椅上，向我查詢我的牙科病史及進行一般的牙齒及口腔檢查。大家或許有

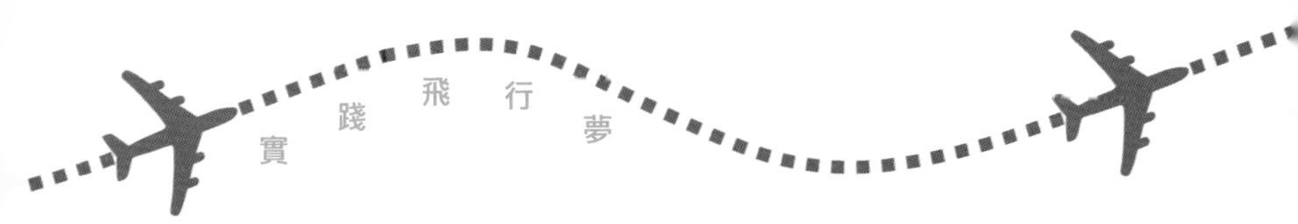

疑惑，牙齒健康與飛機師有何關係？其中一個原因，相信是檢查牙齒內是否藏有氣囊。飛機師駕駛飛機於高空行駛，高空氣壓比地面氣壓低，若牙齒內藏有氣囊，因為氣壓的轉變，氣囊膨脹便會令牙根產生痛楚，影響飛機師的駕駛表現。

(7) 體格檢查

這部份的檢查由負責批核飛機師學員執照的醫生負責，檢查包括量度身高、體重及血壓。接著要求我脫下內褲，以檢查睪丸是否正常。其實我也不明白檢查睪丸的目的，但身體檢查的仔細程度實在令我意料不到，而女性是否包含類似的檢查，我無法得知。另外亦需量度上半身的高度，醫生讓我坐在一張木椅上挺直上半身以作準確量度。醫生亦進行與身體骨骼相關的檢查，包括脊椎檢查，方法是站立並伸直雙手，再府身向前，以檢查脊椎有否彎曲。然後是膝蓋、腹部及盆骨檢查。另外，醫生亦有檢查我的耳膜及喉部，以及以聽診器檢查心臟及肺部功能。在檢查期間，醫生亦與我進行簡單談話，例如問我學習駕駛飛機的原因，從中作出觀察，以了解我的心理及精神狀況。

能力及性格傾向測驗 (Aptitude Test)

能力及性格傾向測驗可說是最具挑戰性的項目，當中包括了解飛機師的性格傾向，以及測試飛機師的智力和專注力兩大範疇。整個測試涉及數百道題目，考核時間約 2 小時 30 分鐘，期間有約 10 至 15 分鐘的小休，考核過程要求學員高度專注，冷靜回答，因此考試前一晚必需要有充足的休息，而在早上進行血液及尿液檢驗後亦必須進食早餐，否則難以有足夠體力應付密集式的測試。此外，試卷內所有題目均以英語表達，當中運用的詞彙及所表達的意思亦非簡易，因此考生必須具備良好的英語能力，才能應付這部份的測試。期間一位監考員負責執行考核，在過程中負責派發試卷及計時，並在適當時候向我講解題目要求。在考試的過程中我需回答 10 至 11 份試卷，每份試卷均需在指定時間內完成。另外，監考員更會不時直接問我在回答這份試卷時的心情及感受，例如會問我答題目那刻是否感到壓力等等，以了解我承受壓力的能力。

性格傾向測試的問卷，以及評核智力與專注力的試卷是交替進行的，除了中途的休息時間，每份卷均是緊接的進行，時間相當緊迫，過程中近乎沒有時間讓考生對任何題目作進一步思考，考生只可選擇那一刻認為最適合的答案。正因為沒有思考的時間，所選擇的答案亦最能反映考生真實的性格傾向，此做法目的在於提升測試的可靠度。

另外，問卷包含測試相同性格特質的問題，但提問的方法卻有所不同，部份題目以正面提問，部份題目則以反面提問，這樣的提問方法可以進一步提升問卷的可靠度。性格傾向測試包含約 300 道選擇題，約分 5 至 6 份問卷進行。試題是以情境模式提問，考生需要就個別情境作出回應。

例如：當你遇到首次認識的人，你如何反應？當你踏上演講台面對大量觀眾時，你有甚麼感覺？另外值得一提，這份試卷雖然是為飛機師進行性格傾向測試，但所有問題均與飛機無關。至於測試的內容，主要是針對 5 項危險性格進行測試，稱職的飛機師均不應擁有以下 5 項性格特徵：

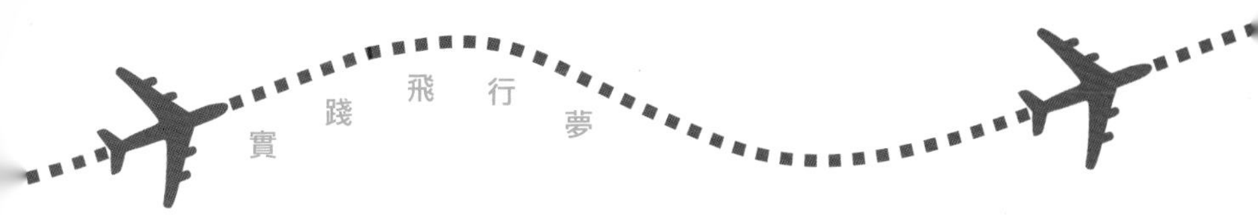

(1) 挑戰權威 (Anti-authority)

持有挑戰權威性格的人不願考慮別人的指令或意見，無論有關意見由高級或下屬人員提供，均不願意參考，此類人士亦不願意依據規則及程序工作。由於駕駛飛機涉及不少操作程序，亦需執行航空控制塔的指令，若飛機師漠視有關操作程序及指令，則很容易發生意外；

(2) 衝動 (Impulsivity)

性格衝動的人士通常認為需要行動就應立即進行，亦認為有行動比沒有行動好，不會考慮其他因素的影響，或是否有其他方法處理問題，亦較少考慮行動後的結果。由於飛機師在飛行期間需要不時作出決定，若未有深思熟慮便衝動作出行動，對飛行安全將會構成嚴重的後果；

(3) 刀槍不入 (Invulnerability)

這類人士通常認為意外只會發生在別人身上，永遠不會發生在自己身上。因此，這類人士不會謹慎執行飛行操作，亦容易忽略對飛行構成危險的訊息，以致未能作出適時的回應；

(4) 大男人氣概 (Macho)

擁有此性格的人士認為自己的能力永遠比別人好、比別人強，通常男性比女性容易出現此性格特質，這些人喜愛在飛行過程中進行較難的操作，以顯示自己的能力比別人強，但卻因此而為飛行操作帶來不必要的風險；

(5) 順從 (Resignation)

性格順從的人認為任何發生的事均與自己無關，事情轉好或是變壞只是運氣使然，傾向歸咎於命運的安排。飛機師若持有這種態度，當飛行期間遇到不妥當情況，則不會主動作出處理，認為這是命運的自然性，而最終讓小問題持續惡化，發展成難以處理的危機。

能力傾向測驗另一重要部份，是智力和專注力測試，這部份測試的要求比性格測試更高，飛機師學員不但要有清醒的頭腦，亦必須對數字及圖形有相當高的分析力及敏銳度。這部份測試共有 5 份試卷，每一份試卷均要求飛機師學員在短時間內分析一大堆數字及圖形，再從中找出正確答案，務求做到快而準。

第一份試卷與一般智力測驗題相似，每條問題首先列出 4 幅連續圖案，從中推論出第 5 幅圖案，考生需從 5 個建議答案中找出正確圖案。這份試卷共有 40 題，學員需在 10 分鐘內完成所有題目，試題的設計主要是測試考生的智力及對圖形的敏銳度。題目例子如下：

問題

1.
2.
3.
4.
5.
6
7.
8.
9.
10.
11.
12.

圈出正確答案

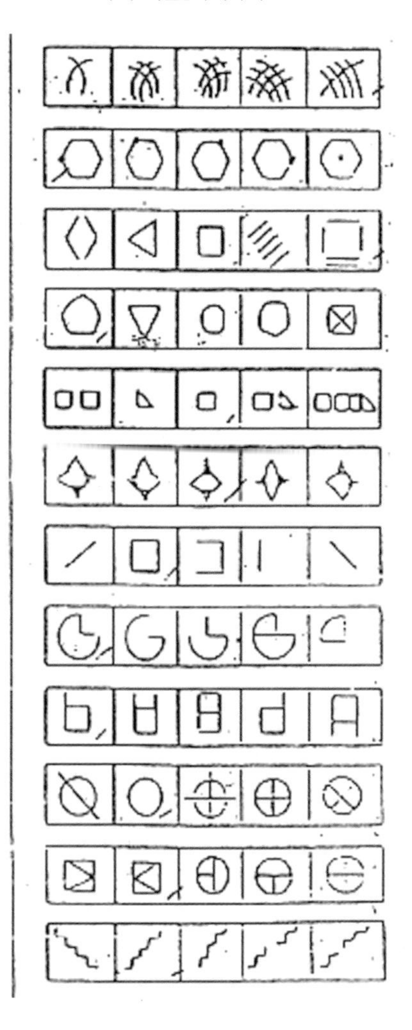

問題

圈出正確答案

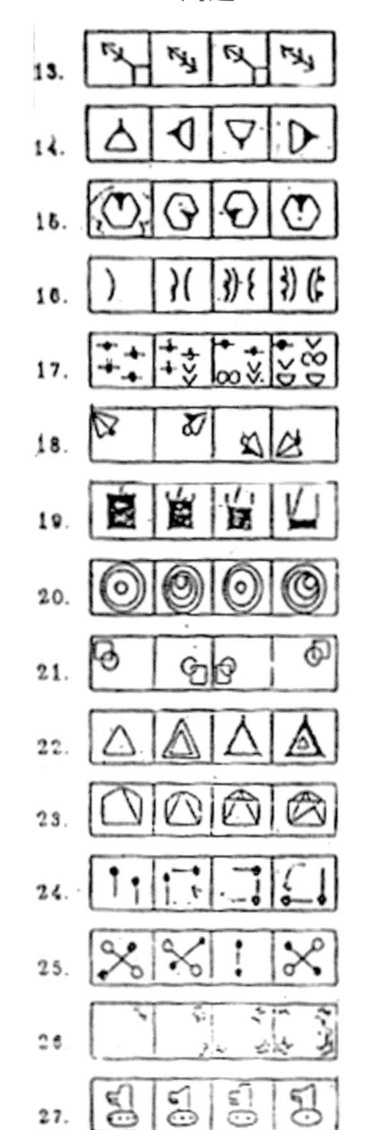

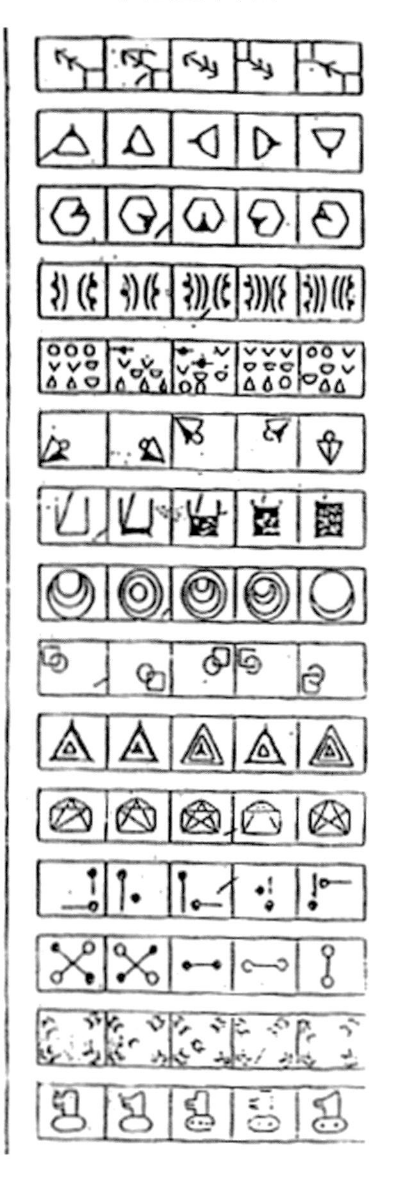

問題

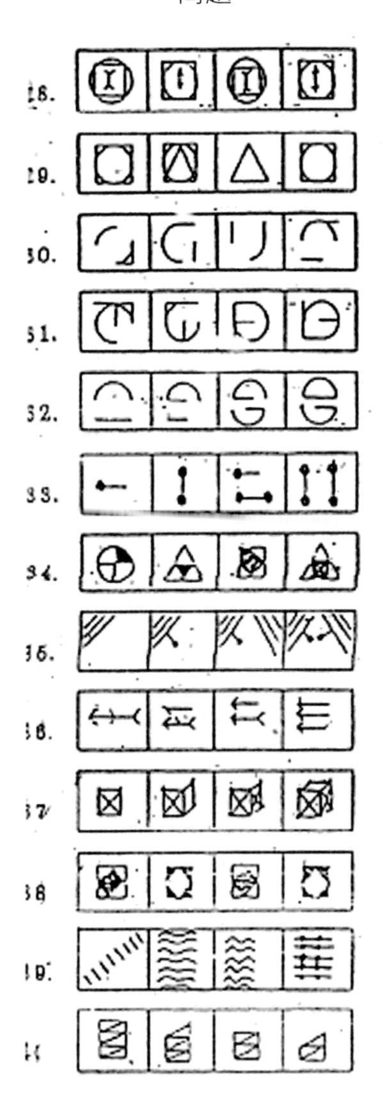

圈出正確答案

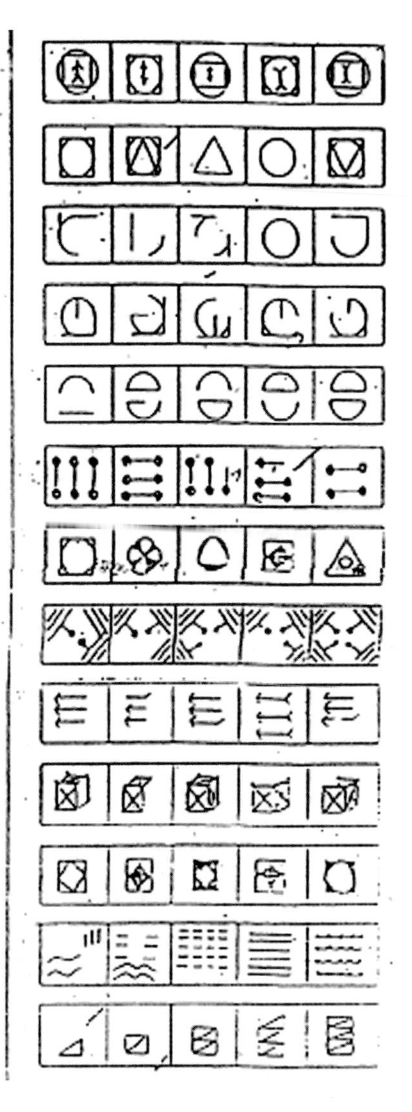

第二份試卷是考驗考生的專注力，試卷只有 1 頁，紙上印有一個包含多個直欄的圖表，每欄由上而下、左至右滿佈約 150 個由一個正方形加一條直線組成的細小圖形，如「由」。

所有圖案隨機排列。

每欄的頂部有一個圖形，我的工作就是要在每一欄由上而下、由左至右找出首 10 個相同的圖形，再找出其後 10 個相反方向的圖形，即是「甲」。

監考員給予指定有限測試時間，我需要盡快找出每一欄的正確圖案，當測試時間終結時，監考員便評核完成試卷的百分比以及準確度，過程可謂極具挑戰性。

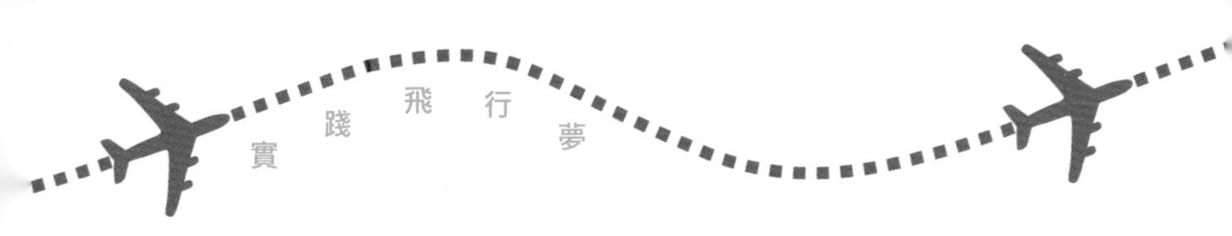

□	□	……
□□□□ □□□□	……	……

在第三份試卷中，頁面上方印有一個符號與數字的對照表，分別以 10 個不同圖案代表 0 至 9 的數值，頁面下方印有多欄由上而下的圖案，當監考員示意開始時，我的工作就是由上至下把圖案對照為數值，再逐一相加，當監考員示意停止時，我便要立即回答運算至哪一圖案，以及累計相加的數值，接著便立即進行另一欄的運算。此試卷的難度在於相加運算及符號對照的步驟交替進行，過程不得書寫，同時要求學員達至快而準，因此學員必須觀察敏銳，思考敏捷，冷靜應對，當中的挑戰性實在不容輕視。

♈	♌	♑	⌘	o	&	♒	♉	♋	✠
0	1	2	3	4	5	6	7	8	9

⌘	o	♉	♑	♈	♈	&
♉	♑	♑	✠	⌘	♋	♋
o	♋	♒	♈	♉	♒	♉
♑	♉	⌘	o	⌘	o	♌
&	✠	♈	⌘	♈	♈	o
♒	&	o	♉	♌	♉	♒
♌	♑	♌	&	♋	✠	♈
♈	⌘	♋	o	✠	o	♋
♑	♈	♉	♈	&	♉	♑
✠	♋	♒	♌	⌘	&	✠
&	⌘	✠	♑	♒	♋	⌘
♈	♒	♑	♋	♈	♌	o
♋	♌	o	⌘	&	⌘	♑
♑	♉	⌘	o	⌘	o	♌
⌘	o	♉	♑	♈	♈	&
♑	♈	♉	♈	&	♉	♑

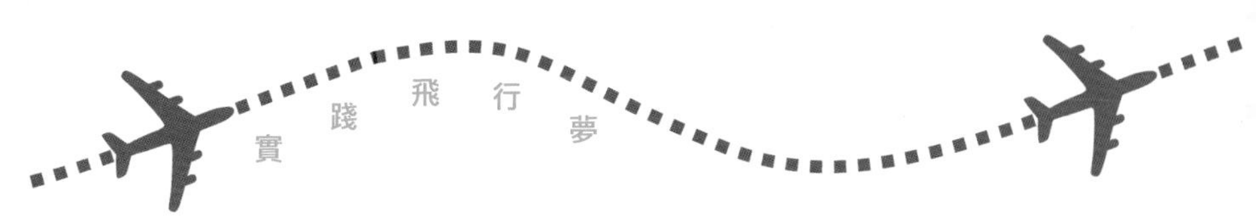

第四份試卷名為「d2」測試，試卷內列印著密密麻麻的「d」、「b」、「p」和「q」英文字，它們的上方及/或下方可能有1至2「.」(點)，亦可能沒有點，當中的組合可是英文字中沒有點、上有一點、下有一點、上下各一點、上有兩點、下有兩點等等，我的工作就是要於限定時間內找出「d」字加兩點的組合圖形，即是「d̈」、「d̤」及「ḍ̇」。由於「d」、「b」、「p」和「q」的字形相當近似，再加上小點隨機出現，而且試卷的英文字相當密集，這樣的試卷真的讓我眼花撩亂，而這測試的目的就是考驗考生的專注力。

第五份試卷上滿布密密麻麻的小寫英文字母，我需同時間根據以下4個規則去找尋答案：

1. 第一個規則：找出獨立響音字，即 a、e、i、o、u，以及其前後不是響音字，例如：

p	i	l	o	t	a	e	r	o	p	l	a	n	e
	✓		✓		×	×		✓			✓		✓

如上圖所示，下面有 ✓ 號的響音字就是正確答案，因為它們是獨立的響音字，這些字母的前後的字母均不是響音字。而例子中的 a e 卻不是正確答案，因為它們是兩個相連的響音字母。

2. 第二個規則：找出兩個相同字母後的單獨字，例如：

s	h	a	l	l	w	e	f	l	y
					✓				

如上圖所示，下面有 ✓ 號的字母就是正確答案。

3. 第三個規則：找出連續兩組單數數目字母後的兩個字母，例如：

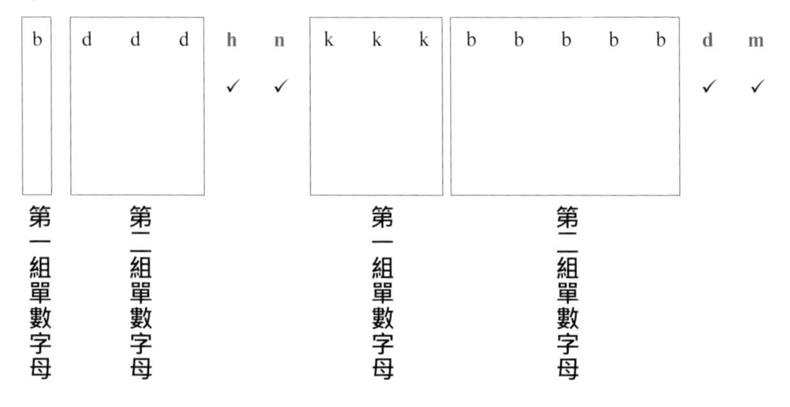

如上圖所示及解釋，下面附有 ✓ 號的字母就是正確答案。

4. 第四個規則：這規則涉及表達選取答案的方法，每當找到合乎以上三個規則的字母時，需要以橫線及直線交替標示答案。如下圖：

p i l d t a e r o p l a n e s h a l
l w e f l y b d d d h n k k k b b b
b b d m a p p l e b s s s v w a q o

完成這 5 份試卷後，我真的有筋皮力盡的感覺，想不到測試的要求是這麼高。雖然當時我已開始步入中年，可幸是我的體能及精神狀態仍能足夠應付。完成能力及性格傾向測驗後，整個身體檢查程序亦正式結束。

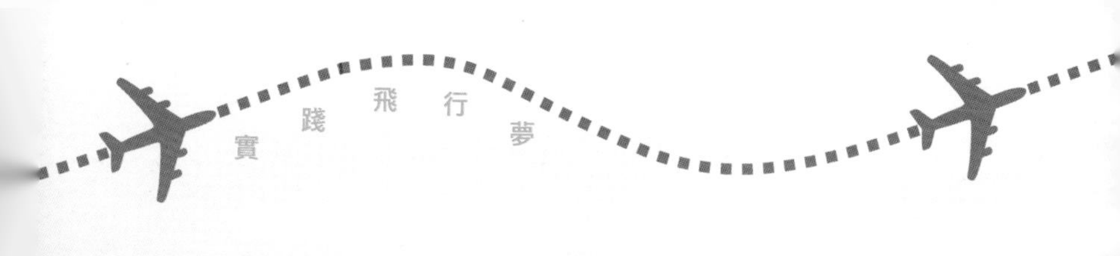

心想如我不把握這次機會……應難以再有機會實現我的飛行夢，便會抱憾終生。

第 4 章

飛行訓練全面展開

> 複雜的飛機降落程序，不但要求飛機師的手腳及眼睛高度協調，更需要飛機師對不可預知的環境及情況作出應變。

由於需要在香港工作關係，我便只能於長假期前往泰國進行飛行訓練以考取駕駛執照，期間共花一年時間到訪曼谷及清邁五次，以完成所有程序。如上文所言，我於聖誕節第一次踏上征途，前往曼谷進行身體檢查，其後便到清邁進行第一次飛行訓練。而第二次及第三次的飛行訓練，則在其後的復活節及暑假在清邁進行。於同年十一月，我前往位於曼谷的泰國民航局進行飛行理論筆試。最後，我在同年聖誕節進行飛機駕駛技術考試，便正式考獲小型飛機駕駛執照。

我單人匹馬到達清邁後，終於接觸到一位飛行會的女職員，該職員向我簡介飛行訓練的安排，這讓我知道飛行會的確存在並且正常運作，而我則並非網上騙案的苦主，多個月來忐忑不安的心情變得實在，我的飛行夢又踏前一步了！到達飛行會安排的宿舍，房間設備簡單，只有基本傢具，讓我有回到大學宿舍的感覺。的確，我今次到訪清邁，並不是只顧吃喝玩樂的遊客，而是出席一項特別學習課程的學生，想不到已步入中年的我竟然也有機會到海外留學！

▼飛行會女職員 - Bee

▼飛行會經理－Dr. Pornpattarawadee Wongpantanan，積極參與航空相關事務多年，主力推廣飛行訓練課程及統籌會務。

每次到清邁進行飛行訓練，我也是過著如當地人一般的生活，沒有酒店的豐富自助早餐，只有簡單的豆漿、油條、麵包；沒有遊不完的旅遊景點，只有飛行會辦公室內的課室、以及進行飛行訓練的機場兩個景點；沒有五光十色的夜生活，只有宿舍窗外的星星伴我挑燈夜讀。生活雖然簡樸，可是充實的學習日程卻讓我感到無比的滿足及享受！當然，上課也有放假的日子，在不用上課或課程安排稍為輕鬆的日子，我也會如一般留學生，到訪當地的旅遊景點，感受清邁的風土人情。

訓練課程全面展開，飛行會提供的課程，獲國際民航組織（International Civil Aviation Organization，ICAO，https://www.icao.int）認可，學員需進行最少 40 小時的飛行訓練，從中掌握指定的飛行技巧，並達到獨自飛行以及跨境飛行時數的要求。另外，學員亦需修讀不同課題的飛行理論課，以準備最終的私人飛機駕駛執照考試，下圖展示考取私人飛機駕駛執照的流程。

“

平日在課堂上態度認真而嚴肅的導師，下課後便是親切的朋友，與我們舉杯暢飲，把酒談心。

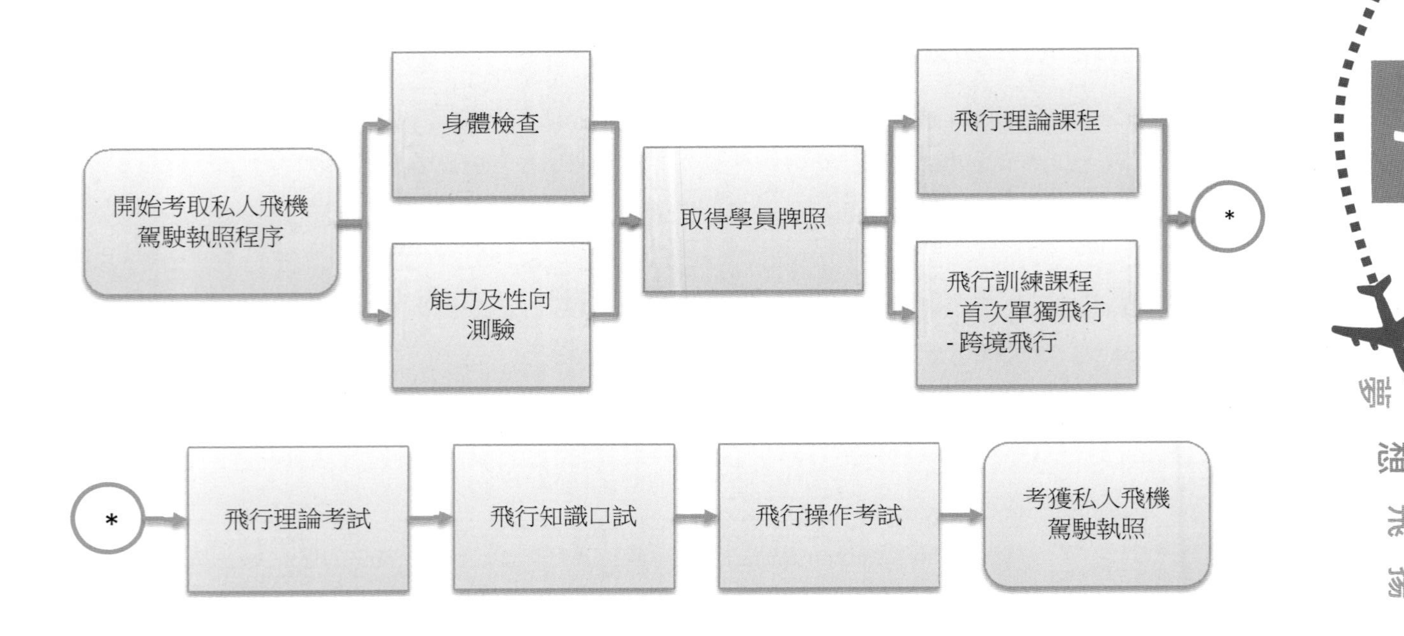
開始考取私人飛機
駕駛執照程序
身體檢查
能力及性向
測驗
取得學員牌照
飛行理論課程
飛行訓練課程
- 首次單獨飛行
- 跨境飛行
*
*
飛行理論考試
飛行知識口試
飛行操作考試
考獲私人飛機
駕駛執照

清邁飛行會為我安排的課程，通常也會考慮一天之內的天氣變化。早上太陽剛剛升起，地面溫度不高，空氣也較穩定，飛行操作較易。而下午陽光十分猛烈，溫度上升便會產生強烈的氣流，因而飛行操作也較吃力。因此在訓練初期，我通常每天上午於天氣較穩定時進行飛行課，下午則進行理論課，訓練節奏可謂相當緊密。

Walter Lesson plan.

Date	Morning		1-3 PM.
Sat 27/12	Morning Flight T. /		power plant.
Sun 28/12	″	″	″
Mon 29/12	″	″	″
Tue 30/12	″	″	Air Law
Fri 2/1	″	″	Air Law
Sat 3/1	″	″	Teerasak
Sun 4/1	″	″	Teerasak.

▲緊密的訓練時間表

飛行理論課

飛行會的運作相當認真，無論辦公室、課室、教材等硬件設備均十分完善，網頁內容豐富專業，行政安排亦很暢順，而導師亦具備豐富的飛行經驗及理論知識，對學員的照顧亦很細心，這一切一切均讓我對這飛行會的信心大大提升，相信一定可以一步一步讓我實踐追尋多年的飛行夢。

▲在飛行會辦公室進行飛行理論課

▶飛行會指示牌

▲在飛行會辦公室進行飛行理論課

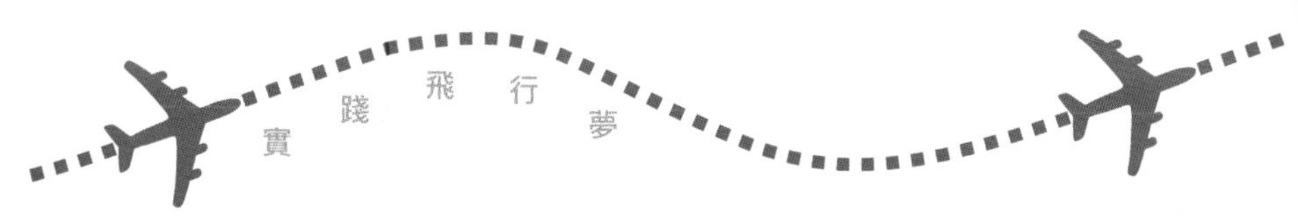

(一)理論課內容

飛行理論課涉及的內容實在不少，共包含以下七個科目，學員必須對所有科目均有很好的掌握，才能通過飛行理論考試，以及飛行試考官的口試。另外，由於飛行訓練課通常與理論課同步進行，如學員希望在飛行訓練課有較好的掌握，則應在開始飛行訓練前，盡力自修相關飛行理論。

飛行原理學(Principles of Flight)

此科目涉及關於飛機師駕駛飛機進行安全飛行的知識，包括影響飛行的四項力量、飛機穩定性、飛行動力學、影響飛機性能的環境因素、負載對飛行表現的影響等等。

飛機技術學(Aircraft Technical Knowledge)

與駕駛汽車不同，飛機在飛行中若出現機件故障，有可能導致無法挽救的致命後果。 因此飛機師必須對飛機本身有充分的認識，方能在遇到機件故障時，做到及早發現，即時作出適當的補救行動。此科目主要學習飛機各部份的結構、動力裝置的原理，以及飛機的電力系統。

飛行儀錶學(Flight Instruments)

如欲準確駕駛飛機，以指定的狀態飛行，飛機師必須從駕駛倉內的儀錶獲得飛行狀態的資訊，以控制各項飛行操作。此科目主要學習六個主要飛行儀錶所提供的飛行資訊，以及儀錶的操作原理，包括「飛行速度儀」(Airspeed Indicator)、「飛行航向儀」(Heading Indicator)、「飛行升降速度儀」(Vertical Speed Indicator)、「飛行高度儀」(Altimeter)、「飛機轉

向協調儀」（Turn Coordinator）及「飛行狀態儀」（Attitude Indicator）。

航空人體學（Human Performance）

飛行員在飛行過程中，飛行高度、大氣環境、飛行狀態的變化，均對飛機師的身體功能產生不同程度的壓力，這些因素將直接影響飛機師的駕駛表現，以及減低作出決定的準確性，亦會因此產生飛行安全問題。因此，學員需了解飛行時所遇到的生理及心理變化，以及如何預防及處理有關問題，亦需掌握在飛行過程中的情境分析能力及決策技巧。

航空氣象學（Meteorology）

飛機在空中大氣內飛行，天氣的變化，對飛行的穩定性及安全性有很大的影響。這科目學習基礎氣象學知識，認識不同天氣現象的模式，了解影響飛行安全的天氣現象。學員亦需學會閱讀天氣報告，以及掌握天氣預測的資訊。

飛行導航學（Navigation）

在地上行車，司機可根據路牌知道前往目的地的方向及路線。但廣闊的天空並沒有任何引路的標記，在空中飛行前往指定的地方，的確是一項挑戰。這科目學習飛行導航的不同方法，如何計劃飛行路線，以及學會閱讀航空地圖上的資訊。

航空法例及規則（Flight Rules and Regulations）

空中交通非常繁忙，大量飛機在空中飛行及在地面滑行。因此，為確保飛行安全，所有飛機必須遵循航空法例，以及相關規則。此科目讓學員學習駕駛飛機時需要遵守的法規，如空域的區分，當中的飛行規則和通訊要求，以及飛機場的升降、滑行等程序。

(二) 飛行理論教材

▲私人飛機駕駛執照理論課標準教科書

學習駕駛小型飛機的飛行理論，通常都是採用美國Jeppesen公司出版的標準教科書 – Private Pilot: Guided Flight Discovery。除此之外，Jeppesen公司亦提供不少輔助學習資源及飛行資訊，大家可自行瀏覽Jeppesen網站（https://ww2.jeppesen.com）。

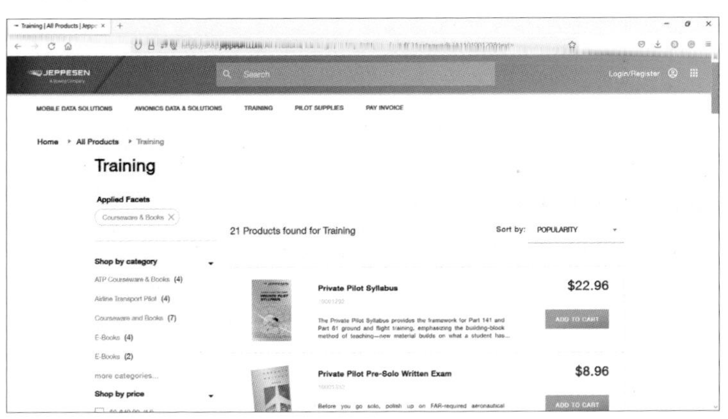

▲ Jeppesen公司網頁，有不少學習資源可供訂購。

另外，澳洲的Aviation Theory Centre公司亦出版不少飛行理論相關的教科書，大家可到公司網站瀏覽合適的學習資源（https://aviationtheory.net.au）。其實Jeppesen與Aviation Theory Centre出版的教科書內容大致相同，但澳洲與美國分別位於南北半球，在介紹航空氣象學的內容時，兩套教科書的闡述方向可能有點不同。

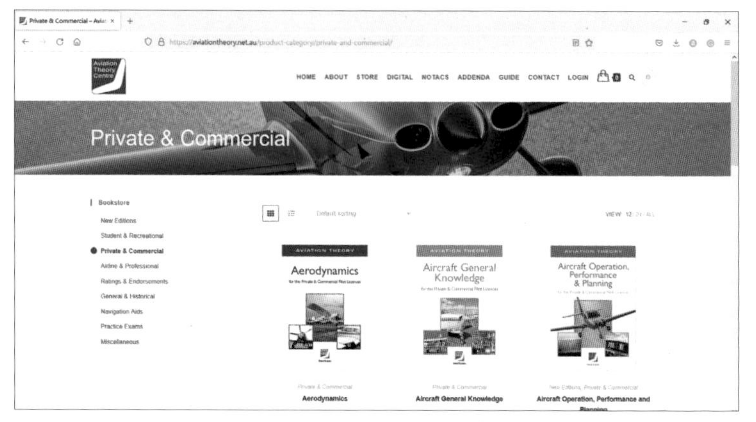

▲ Aviation Theory Centre 公司網頁，有不少學習資源可供訂購。

(三) 理論課導師

飛行會安排了三位知識豐富的導師教授飛行理論，分別是泰國人 Teerasak 及 Boonying，以及由英國移居泰國享受退休生活的 David。

理論課導師 Teerasak，具多年飛行經驗，英語良好，教學經驗豐富。

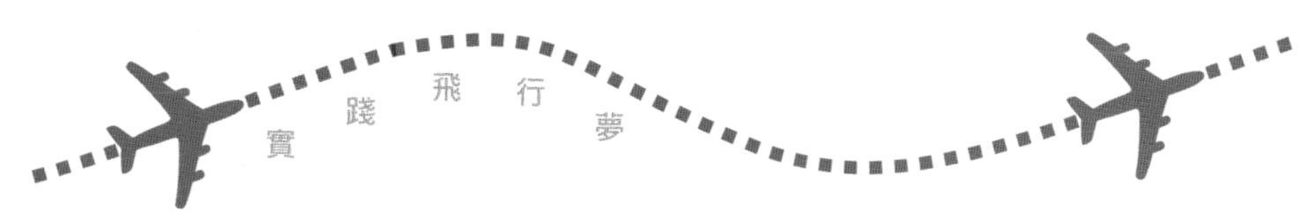

▲理論課導師 David，退休後到泰國定居及在當地推廣飛行活動。David 授課很有質素，在教學語言方面，David 本身是英國人，他以純正英語授課，對於我這個於英國殖民地接受教育的香港人，完全能夠清楚明白他的授課內容。更重要的是他曾擔任英國空軍多年，具備豐富的航空知識。另外，他亦曾經是培訓飛行導師，故能夠掌握授課及表達技巧。

▲理論課導師 Boonying，泰國本土精英，飛行會的飛機工程師。

(四) 理論課形式

在第一天的理論課，我收到的教材真是份量十足，書本、地圖、紀錄簿等共十多項，讓我知道我需要再下苦功，加倍努力，才能完成課程考獲駕駛執照。理論課以單對單形式教授，導師Teerasak態度很友善，講解很清晰，英語很標準。導師首先對航空發展作簡單的介紹，在課堂的後半部份，導師開始講解飛機各主要組成部份，但相關內容仍屬基礎知識。其實我到當地接受訓練前，已自修不少飛行理論，因此理論課堂對我而言沒有太大難度。在講解各項儀錶功能時，導師運用真實的儀錶及飛機模型輔助講解，大大提升教學效能。導師為了督促我的學習進度，表示在稍後的課堂將會有小測驗，這令我感受到導師的認真態度，但卻為我增添了一些壓力。幸好我在這次訓練前已有相當程度的準備，令我不會太吃力。

其實導師假設學員有基本知識，並不會就每一項內容作仔細講解。如學員無任何準備便開始訓練，我相信會難以跟上學習進度，以致學習成效下降。另外，完成每一天的課堂後，學員宜進行課後溫習及為下一課堂作準備，遇有不明的內容，應即時向導師提問，讓學習變得事半功倍。

猶記得導師在第一堂理論課已表示會進行突擊測驗，想不到導師真的「講得出、做得到」。在第二天課堂開始時，導師首先進行一次口頭測驗，每一問題均問及上一課教授的內容重點，題目並不容易回答，當問及我較不熟識的內容，我亦只好坦白表示不知道。坦白而言，這的確令我感到有點不暢快。口頭測驗完成後，導師便開始當天的課堂，可是好戲在後頭！在課堂的最後

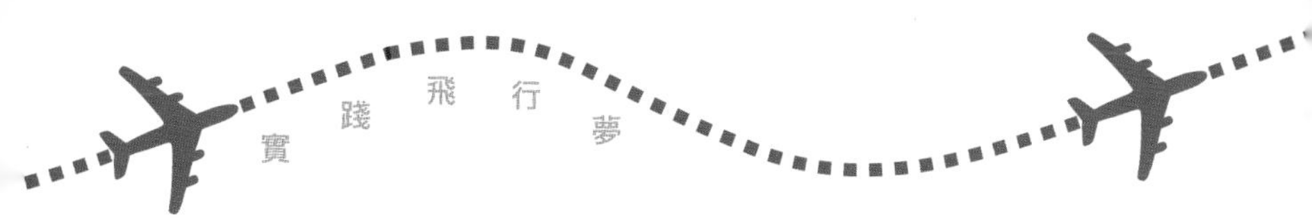

半小時，導師突然從文件櫃取出一份測驗卷，要求我在半小時內完成。幸好我的表現尚算理想，25 題問題中我也答對了 20 題。經過今日的測驗，令我再次知道導師認真的教學態度，但我卻或多或少感到壓力。然而，我相信嚴師出高徒，導師嚴格的要求正是鞭策我要認真及努力學習。而且今天的測驗，讓我知道應付筆試時應仔細閱讀問題的每一字，以掌握問題的精粹，不應只閱讀問題的某一部份，便主觀地推論以致誤解了問題及選擇錯誤的答案。明白了導師的教學風格及要求，我便很順利地完成餘下的理論課堂。

另外，David 的授課實在值得讚賞，他講課生動有趣，富有幽默感。記得在其中一天的課堂，David 講解飛機的飛行表現，其中提及飛機可運用慳油模式航行，以增加持續飛行的時間及降低耗油量。另外飛機亦可進行高速航行，但代價是耗油量較高，減低持續飛行時間。他說到這裡，突然檢視辦公室，發現辦公室職員不在，便開始向我教授「心得」！他向我解釋，航空公司很重視營運成本，故要求飛機司盡量運用慳油模式航行，以減低耗油量，降低成本。然而，駕駛小型飛機如進行跨境飛行，飛機一般儲存充足燃油飛行，甚少出現燃油不足的情況。而飛行會是根據租用飛機的時間收費，並非根據耗油量收費，因此，他建議飛機師在駕駛小型飛機時，使用高速模式航行，儘管耗油量較高，但可以減少租用飛機的時間，這樣飛機師便可節省金錢。David 導師果然有道理，導師更提示我要記着這「重點」，真可謂用心良苦！能夠從 David 身上學習飛行理論課，實在讓我獲益良多。

除此之外，David 也給予我一次很特別的「體驗」。與 David 在飛行會辦公室上了第二次理論課後，David 邀請我之後到他家中上課，而我也樂意接受他的邀請。於是他便開車返家，要求我開車跟隨其後認路，在翌日早上，便自行駕車前往他住所上課。我沒有多想，便開車跟隨其後，開始認路。在開始的十分鐘車程，我仍很有信心，能夠準確認路。但我慢慢感到有點不對勁，已經跟隨駕駛了二十分鐘，為甚麼仍未到達 David 住所？我並非在清邁居住，也只是第三次到訪清邁，而且這是我第一次在清邁駕車，我對所有路線也感陌生，這時我開始有一點擔心，翌日能否記得路線自行駕車到 David 住所呢？但這一刻也不容我想太多，只好集中精神駕車認路，最終經過長達 30 分鐘車程，終於到達 David 住所。大家可以想想，整整 30 分鐘的車程，實在太遠了！當時無線網絡不太發達，GPS 也並不普及，對於我這位清邁訪客，需要記憶 30 分鐘的車程，實在是一項大挑戰，心想 David 是否有意測試我作為飛機師在導航方面的能力呢？幸好在翌日早上，我總算能夠完成這項大挑戰，成功去到 David 家中上課。我只好說，David 對我的能力真有信心！

▲來自澳洲的另一位學員，Maxim，到清邁考取私人飛機駕駛執照。

飛行訓練

在飛行駕駛訓練方面，學員需要逐步掌握不同的程序及技巧，包括飛行前檢查、地面滑行、飛機起飛及降落、空中飛行操作、航空通訊，飛行導航等等。在以下部份，我嘗試就各訓練項目進行介紹，並分享當中的經驗和感受。而當中令我難忘的首次單獨飛行 (First Solo) 和跨境飛行 (Cross Country Flight) 經驗，將在下一章與大家分享。

(一) 訓練飛機場

進行飛行訓練的飛機場，位於清邁市的東南方，由市內行車前往機場大約需時 30 分鐘。這是一個小型私人飛機場，跑道旁設有多間飛機庫，供飛機停泊，旁邊亦有 些供人休息的設施。雖然飛機場設計簡樸，但設施可謂非常齊備，維修工具、消防設備、機場文件、教學資源、航空地圖、飛行紀念品等等均一應俱全，可見飛行會職員為發展飛行會付出相當大的努力。而我第一次到達飛機場時，感覺有如參觀展覽館，場地一切對我而言也是新鮮事物，讓我感到無比的興奮。

▲供訓練用的小型飛機 (Cessna 152)

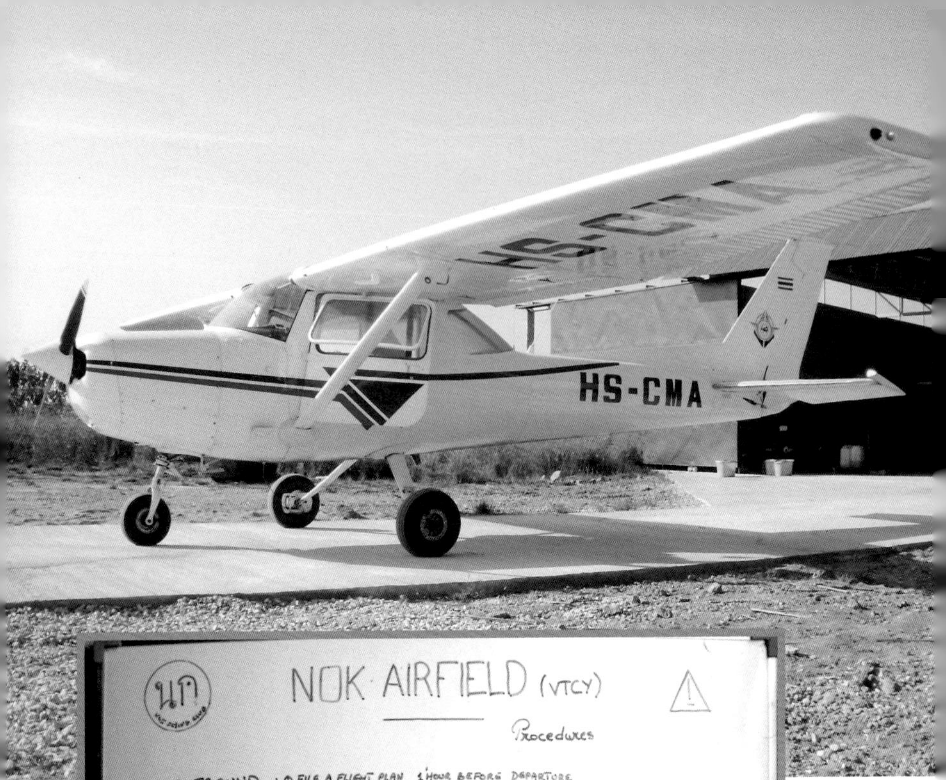

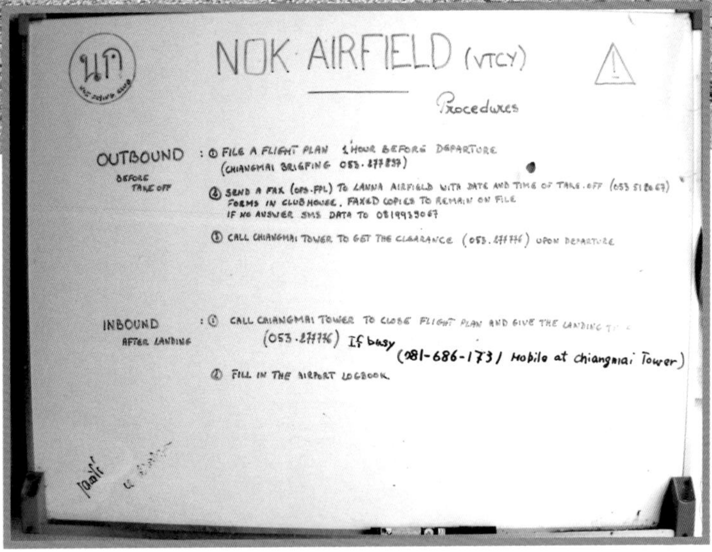

CAPTIONS

1. 供訓練用的小型飛機 (Cessna 152)

2. 機場運作資訊

▲機場怡人景色

▲飛行會的小型飛機

(二)飛行訓練教材及輔助設備

學習駕駛小型飛機，學員值得參考 Jeppesen 公司出版的 Private Pilot Maneuvers: Guided Flight Discovery 教科書。這書有系統地介紹飛機的不同操作，包括飛機起飛前及降落後在地面所需的操作，基本飛行操作如水平直線飛行、爬升下降及轉彎，飛機在機場起飛及降落的操作程序，一些進階飛行操作技巧，如慢速飛行、失速回復及陡斜轉彎，以及緊急降落等。

▲ Jeppesen 公司出版，介紹不同飛行操作的教科書。

除了 Jeppesen 參考書外，學員必須熟讀訓練飛機的「飛機師操作手冊 Pilot's Operating Handbook」。這手冊即是飛機的使用說明書，內容詳細說明飛機的性能、操作程序、維修保養等資料。由於這並非教科書，學員如無相關飛行理論知識，不容易理解各部份的內容。因此，學員宜先掌握一定程度的飛行理論知識，尤其「飛機技術學」科目的內容，才進一步閱讀飛機師操作手冊，便能有效學習。

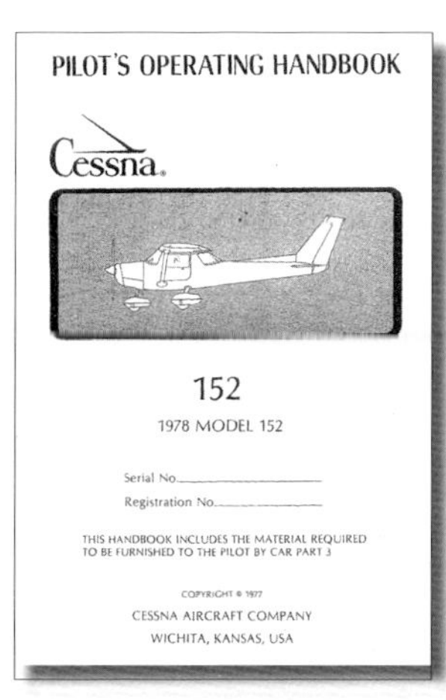

▲ Cessna 152 飛機師操作手冊

在飛行訓練中，另一個重要文件，當然便是航空地圖（Aeronautical Chart）。與一般郊遊地圖不同，航空地圖仔細描繪一個指定範圍的地形、地標分佈，機場位置及跑道方向，空域的畫分，以及山脈高度等資訊。在「飛行導航學」科目內，導師將教導學員如何閱讀航空地圖，以及規劃飛行路線。

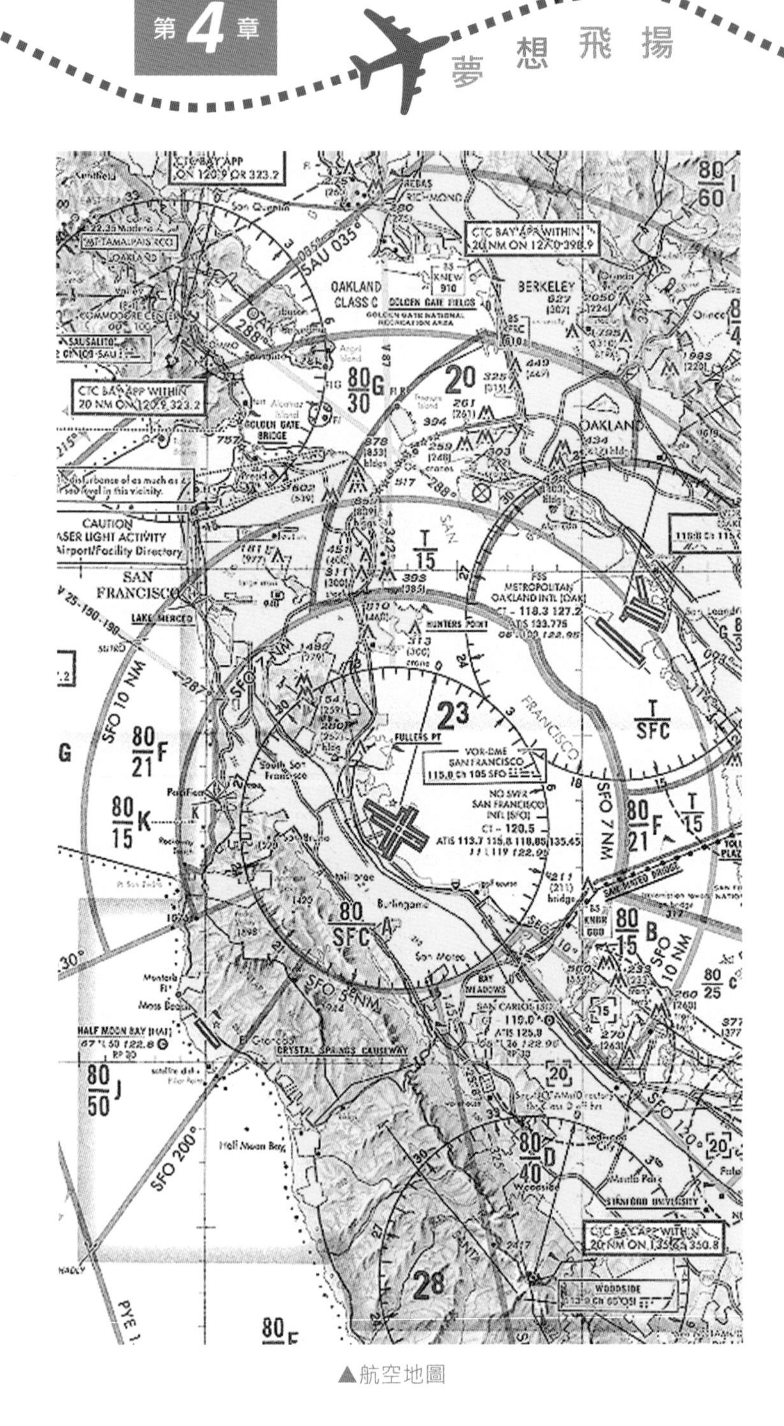

CTC BAY APP ON 120.9 OR 323.2
RICHMOND
San Quentin
CTC BAY APP WITHIN 20 NM ON 120.9 323.2
CTC BAY APP WITHIN 20 NM ON 120.9 323.2
OAKLAND CLASS C
GOLDEN GATE FIELDS
GOLDEN GATE NATIONAL RECREATION AREA
BERKELEY
SAU 035°
80 G 30
20
OAKLAND
GOLDEN GATE BRIDGE
CAUTION
LASER LIGHT ACTIVITY
Airport/Facility Directory
SAN FRANCISCO
LAKE MERCED
T 15
FSS
METROPOLITAN
OAKLAND INTL (OAK)
CT - 118.3 127.2
ATIS 133.775
HUNTERS POINT
SFO 10 NM
80 F 21
23
FULLERS PT
VOR-DME SAN FRANCISCO
115.8 Ch 105 SFO
SAN FRANCISCO
T SFC
FRANCISCO
SFO 7 NM
80 F 21
T 15
80 K 15
South San Francisco
NO SVFR
SAN FRANCISCO INTL (SFO)
CT - 120.5
SAN MATEO BRIDGE
80 SFC
Burlingame
San Mateo
80 B 15
SFO 10 NM
80 25
BAY MEADOWS
SAN CARLOS (SQL)
CT - 119.0
ATIS 125.9
SFO 5 NM
CRYSTAL SPRINGS CAUSEWAY
HALF MOON BAY (HAF)
80 J 50
Half Moon Bay
SFO 200°
SFO 120°
80 D 40
Woodside
STANFORD UNIVERSITY
CTC BAY APP WITHIN 20 NM ON 135.65 350.8
WOODSIDE
28
80 F
PYE

▲航空地圖

進行飛行訓練，學員還需具備一本飛機師飛行紀錄冊（Pilot Logbook）。在每一次飛行訓練後，學員均需要紀錄該次飛行的資料，如日期、飛機型號、飛行路線、起飛降落次數、總飛行時間等資訊。這些紀錄不但讓學員留下美好的回憶，更重要的用途，是作為一項訓練證據，將來讓民航局審核飛行訓練，以發出駕駛執照。

▲飛行紀錄冊

另外不得不提，學員應該備有一個飛行計算器 Flight Computer。有關此工具的介紹，大家可參閱第一章的內容，在這裡不作重覆。

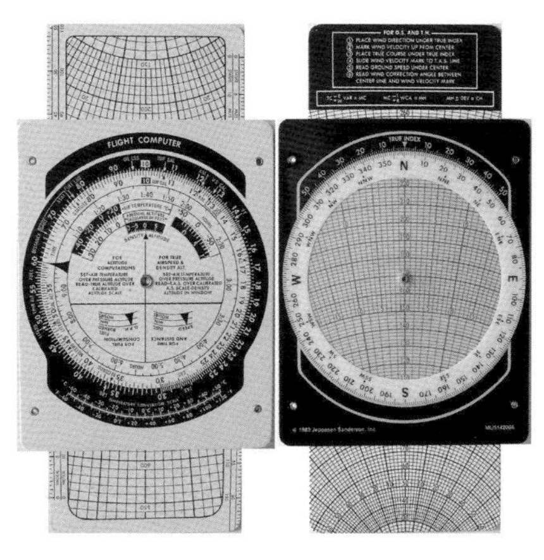

▲飛行計算器

另一項學員需要購買的工具，是導航繪圖器 Navigation Plotter。這工具的外形類似一把直尺加一個量角器，但直尺是以海里 Nautical Mile 為量度單位，以配合航空地圖的運用，此工具主要在策劃飛行路線時，計算飛行距離及方向。

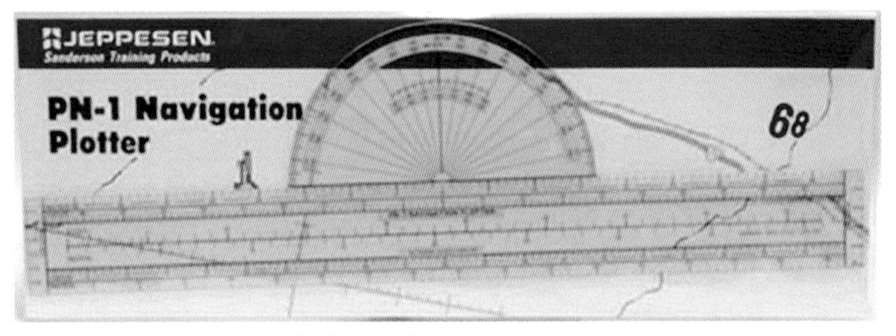

▲導航繪圖器 Navigation Plotter

當學員開始跨境飛行訓練，便需要準備飛行用的衛星定位系統（GPS）器材。這器材包含多項功能，可以讓飛機師在飛行過程中定位，確定飛行方向，計算飛行距離及時間。右圖便是我購買的 GPS 器材，價錢合理，簡單易用。但由於飛行操作中，飛機師經常需要知道飛機位置與起點及終點的距離及方向，故學員宜購買兩部相同的 GPS 器材，在飛行時同時使用，同時測量飛機與另外兩點位置的資訊。有關購買 GPS 的途徑，大家可瀏覽 Garmin 公司的網站（https://www.garmin.com）了解不同型號的 GPS，該公司主力生產專業 GPS 器材。

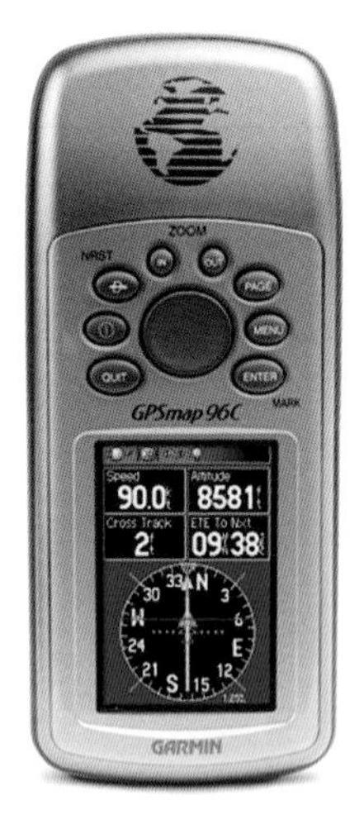

▲飛行用的 GPS 器材

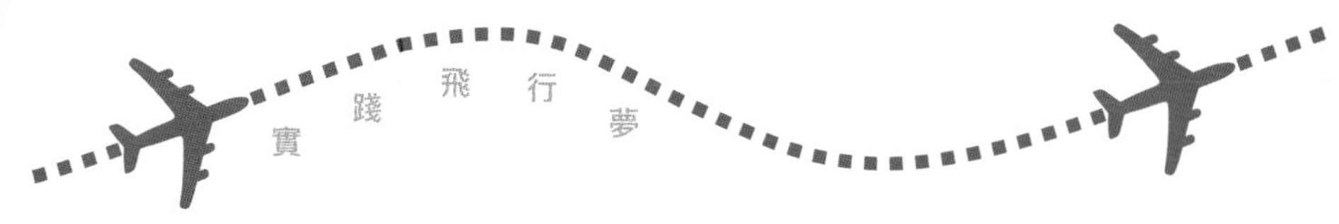

(三) 各項飛行訓練

飛行訓練包括地面操作訓練，飛機起飛、降落、機場起落航線訓練，以及空中飛行操作訓練，以下部份逐一介紹有關訓練內容，讓大家認識當中的要點。

地面操作訓練

（1）飛行前檢查 (Pre-flight Check)

每節飛行課，也是從進行飛行前檢查開始，下圖介紹從飛行前檢查至起飛的主要工作步驟。簡單而言，飛行前檢查就是在每次飛行前對飛機狀況進行檢查，以判斷飛機是否適合飛行。在我第一次的飛行訓練中，飛行會委派飛機工程師 Boonying 與我一起進行飛行檢查，其間導師向我講解飛行前檢查的程序，以及每一項目的檢查要點，亦細心解釋飛機不同部份對飛行的關係，可見導師具備相當專業的態度。

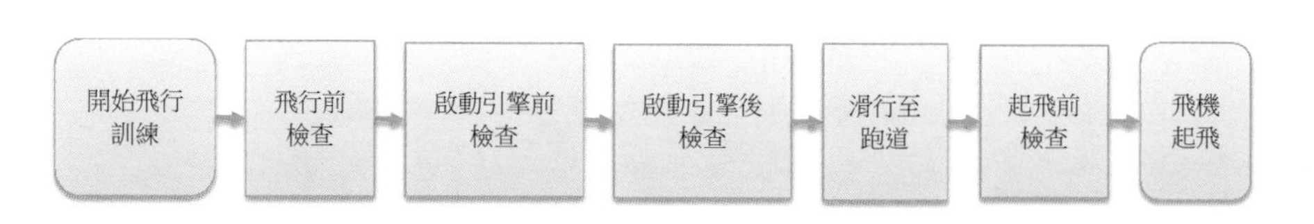

▲從飛行前檢查至起飛的主要工作步驟

▲飛機工程師 - Boonying

每架飛機其實都有一本「飛機師操作手冊 (Pilot's Operating Handbook)」，當中包含獨立章節講解飛行前檢查的程序。一般而言，飛機師需要由飛機駕駛艙左方開始，沿逆時針方向圍繞飛機對各部份進行檢查。當中飛機師必須明白每一項目的內容及檢查目的，方能有效進行檢查，亦由於檢查項目達三十多項，飛機師必須細心按照清單逐一檢查，避免遺漏。

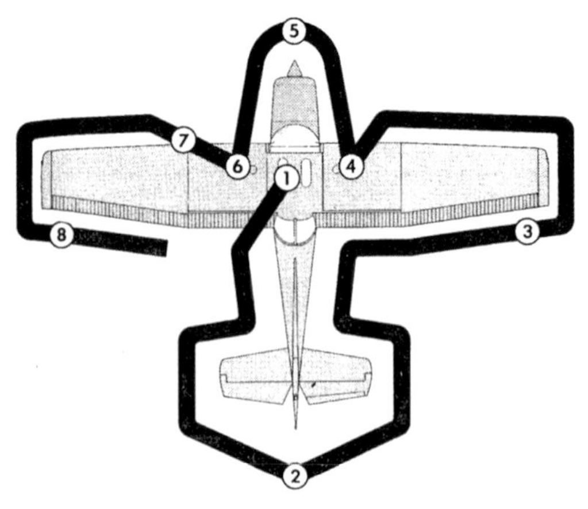

▲飛行前檢查步驟

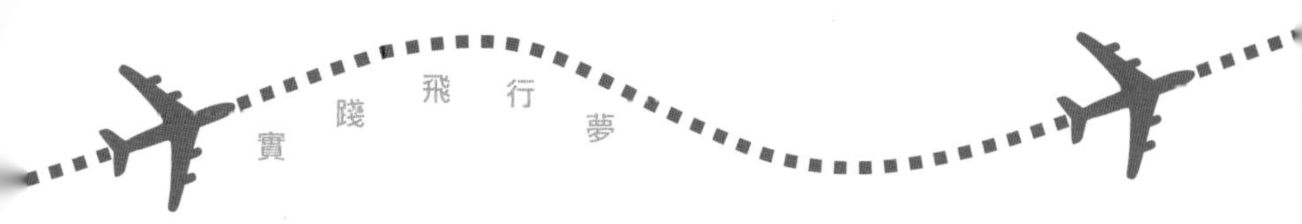

在每節的飛行訓練課堂，飛行前的飛機檢查也是飛行的首要一環。在訓練過程中，大部份時間也是駕駛同一架飛機，既然每天駕駛這飛機也沒有大問題，而且飛機工程師也會定時為飛機進行維修檢查，為何要這樣認真呢？這看似是例行公事的飛行前檢查，感覺好像是多餘的，但在個人經驗當中，我曾經在進行飛行前檢查時發現燃油量儀錶故障的情況，儀錶無法顯示正確的燃油量，我便須即時向飛機工程師查詢，要求跟進。在另一次飛行訓練中，導師透過電話向清邁機場控制塔取得起飛批准後（這是私人機場的標準程序），便駕駛飛機起飛升空，但竟然在起飛後不久，我及導師才發現飛機通訊系統的通話器不見了，引致無法與機場控制中心取得聯絡，幸好導師在駕駛倉搜尋一會後，發現它被拔出並放在座位後方，原來技術員進行維修檢查後，沒有把它安裝到原位，以致虛驚一場。雖然檢查清單沒有包含通話器一項，但進行檢查時，飛機師亦宜多注意其他不包含在檢查清單的項目。由此可見，飛行前對飛機的檢查絕對不能草率進行，飛機師必須認真處理，以確保飛行安全。

（2）地面滑行 (Taxi)

完成飛行前檢查，坐上飛機師座位再執行一些檢查程序，飛機師便要啟動飛機，把飛機滑行往跑道。在陸地上，駕駛飛機與駕駛汽車的操控有很大的差別，駕駛汽車是以腳調節踏板以控制油門及馬力，並以單腳調節踏板控制減速，而手部則負責控制軚盤以調節行駛方向。然而飛機在跑道行駛時，卻是用手控制油門及馬力，以雙腳調節踏板控制減速及轉彎，在飛機師座位前的飛機控制杆，則主要控制副翼及升降舵，一般只是在飛行過程中控制飛行姿態，並非用以控制飛機在地面滑行的方向。

飛機這樣的設計，實在把我這個已有超過 10 年駕駛汽車經驗的飛行學員難倒了！在學習初期，每當我在跑道上想改變飛機行方向時，便不自覺地以手部轉動控制杆。最後我終於以最簡單的方法解決這問題，就是當飛機在跑道滑行時，我刻意放下控制杆，令雙手不再執行反射動作，不再轉動控制杆。這方法非常奏效，令我只能運用雙腳控制剎制器及方向舵，以改變飛機在地上行駛的方向。另外，當飛機降落跑道後需要減速時，駕駛汽車的反射動作又為我造成一大問題，我很自然地以單腳踏下踏板，結果當然是飛機在跑道上轉彎滑行，造成危險，幸好經過數次的練習後，我已能習慣運用雙腳進行減速。

另外，原來運用雙腳調節踏板讓飛機直線滑行亦非容易。經過多次重複練習後，我察覺到在調節方向舵控制飛機在地上直線行駛時，可使用與駕駛汽車相同的技巧，就是眼睛望向前方較遠的位置，運用感覺控制飛機直線前行，這讓我更容易調節飛機的前進方向。另一項飛機與汽車在陸地行駛時不同之處，就是飛機不能向後駕駛。我曾經在駕駛飛機滑行往跑道時，一不小心，飛機的輪胎被草地上的木條卡住了，令飛機無法前進。導師只好解下安全帶，往草地上移走木條，才能繼續滑行前往跑道。

以往乘搭民航飛機，飛機早已停在停機坪迎接我們，我們很少會留意飛機在跑道及停機坪滑行的情況，作為乘客根本就不需要關心飛機是如何滑行前往跑道，要不是親身學習駕駛飛機，真想不到原來飛機在地面滑行也需要好好學習呢！

▲我的飛行導師 – Captain Paibool，導師性格隨和，年輕時乃泰國空軍飛機師，曾參與美國與老撾的戰役，擔任泰國空軍訓練官多年，退役後亦曾協助國家駕駛飛機發射人工降雨彈，具豐富飛行訓練經驗，退休後積極推廣飛行活動。導師在每一次的飛行訓練後，均會與我進行課後檢討，並以模型飛機輔助講解，可見導師非常認真教導學員，值得讚賞！

猶記得在第一日進行飛行課時，飛行訓練導師在室內向我稍作講解後，便步出露天停機坪，當導師步出辦公室後，突然改變方向，行到草地另一方，我不知就裏便跟隨在後，突然，導師雙手伸到褲管，轉頭發現我跟隨在後，便神情尷尬地向我表示需要小解，我才恍然大悟，導師原來喜愛回歸大自然，在露天草地上方便，故我只好返回飛機旁靜靜等候。

飛機起飛、降落、機場起落航線
(Takeoff, Landing and Traffic Pattern)

掌握了飛機如何在地面滑行後，接著便要學習起飛及降落的操作，以及熟習機場起落航線的飛行程序。情況就有如小朋友學習走路，由學會站立，以至一步一步平穩的步行，進而奔跑、跳躍，均需按部就班地進行。

相信學員最期待的訓練，肯定就是飛行訓練。而我多年來的飛行夢，終於可以實現，我可以坐在駕駛艙內飛機師的坐位，嘗試操控飛機，一飛沖天！回想第一次與導師駕駛飛機在天空翱翔，感覺既興奮又滿足，實在是難忘的經歷！

在飛行訓練過程中，學員一般需要首先掌握單獨飛行的能力，才進行跨境飛行的訓練。而首次單獨飛行 (First-Solo Flight) 考試，就是測試學員對飛機起飛、降落，以及按照機場起落航線程序進行飛行操作的能力。因此在大約首 10 小時的訓練，主要也是不斷練習飛機起飛、降落及熟習機場起落航線的飛行程序。

飛機師根據風向，便需把飛機滑行至逆風方向的跑道起點，進而對飛機性能作出一些起飛前測試及設定。由於此著作並非飛行教科書，因此省略這部份的操作內容，如大家欲了解相關內容，可自行閱讀「飛機師操作手冊」，但值得一提的是運用襟翼的操作，襟翼是機翼近機身部份後方的一塊整流片 (Airfoil)，主要讓飛機在慢速飛行時提高升力，由於機場跑道長度有限，飛機如在跑道盡頭仍未能起飛，便會造成危險，因此飛機起飛時，飛機師一般都會放下襟翼以提高升力，讓飛機盡快離開跑道，進而在空中爬升。

當起飛操作一切準備就緒，飛機師便需施以最大馬力讓飛機在跑道加速，再運用雙腳控制方向舵維持前進方向（切勿以腳尖誤踏剎制器），當滑行速度達到 55 knot 時 (即每小時 55 海里，大約每小時 102 公里，飛行速度一般以 knot 為單位)，便需慢慢拉後控制杆讓飛機起飛。飛機起飛後，飛機師便須密切控制爬升角度、飛行速度及飛行方向，若爬升角度太少，飛機可能不能飛越前方的障礙物，造成危險；若爬升角度太大，則飛行速度便會

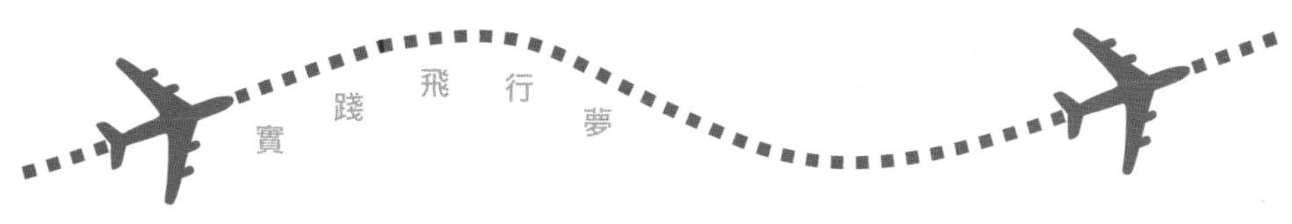

下降，加上起飛時速度不高，便有可能導致飛機失速，令飛機在離地不高位置下墜，造成不能挽救的危險。另外，飛機在慢速飛行時轉彎，亦容易導致失速。因此，飛機師必須維持跑道方向並以 60 knot 以上飛行，以避免飛機失速。而當飛機爬升至地面以上約 200 尺時，便需升起襟翼，讓飛機減低阻力，提高飛行速度繼續爬升，這樣便完成起飛的程序了。這看似是幾個簡單的步驟，但亦需要經過多次練習，才能夠完全掌握。

然而相比起操控飛機起飛，飛機降落程序便複雜得多，所需的技巧要求亦相當高。每個機場都有指定的起落航線及操作程序，讓飛機有系統地升降，確保安全。

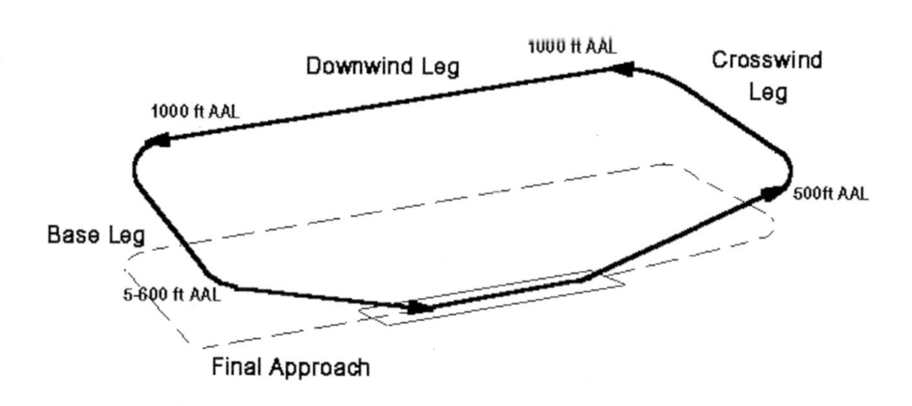

▲標準機場起落航線

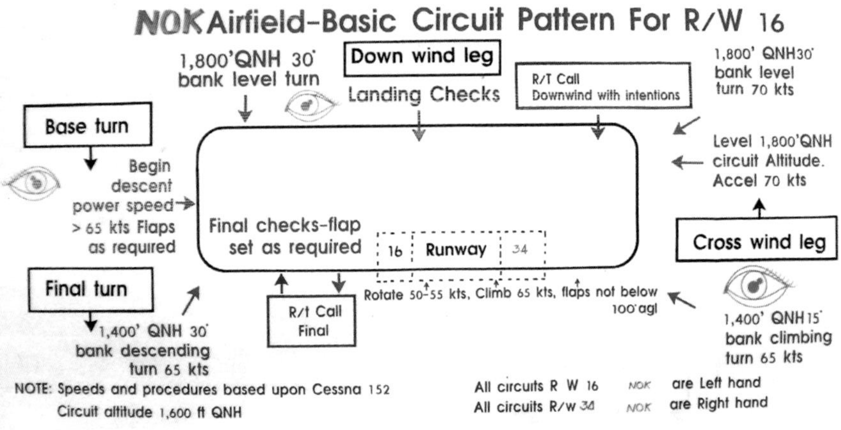

NOK Airfield-Basic Circuit Pattern For R/W 16

Down wind leg

Landing Checks

1,800'QNH 30° bank level turn

R/T Call Downwind with intentions

1,800' QNH30° bank level turn 70 kts

Base turn

Begin descent power speed > 65 kts Flaps as required

Level 1,800'QNH circuit Altitude. Accel 70 kts

Final checks-flap set as required

16 Runway 34

Cross wind leg

Final turn

1,400' QNH 30° bank descending turn 65 kts

R/t Call Final

Rotate 50-55 kts, Climb 65 kts, flaps not below 100'agl

1,400' QNH15° bank climbing turn 65 kts

NOTE: Speeds and procedures based upon Cessna 152

Circuit altitude 1,600 ft QNH

All circuits R W 16 NOK are Left hand

All circuits R/W 34 NOK are Right hand

▲清邁飛行會訓練機場的起落航線示意圖（飛機場高度為海拔 1000 尺）

當飛機準備降落時，機師首先需要進行降落前檢查，然後把飛機降落至跑道以上約 1000 尺的高度，以及在順風的方向進入機場起落航線（Downwind Leg）準備降落。其間飛機師需要減速，並降低襟翼以維持升力。進入 Final Approach 後，飛機師更需要手腳並用，準確操控飛機，包括以右手調較油門，減少燃油的供應以讓飛機減速降落，但又要避免飛行速度太慢而令飛機失速。與此同時，左手需要調節操控桿，雙腳控制方向舵以控制飛行方向，以免令飛機降落時偏離跑道，務求讓飛機準確地降落至跑道起點。

當飛機降落到達跑道前的一刻，飛機與地面會產生氣流效應（Landing Flare），升力會增加令飛機需要較長的距離完成降落。這時，飛機師需要把操控桿拉後以控制機尾的水平舵，讓機尾產生向下的動力，令機頭向上，讓飛機慢慢下降，並減輕前輪着陸時的壓力。當飛機完全降落到跑道後，飛機師需要立即關閉

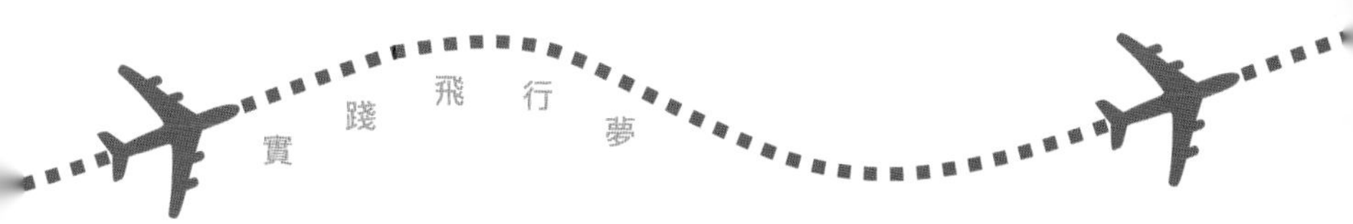

燃油供應，升起襟翼以減少升力，及增加輪胎與地面的磨擦力。飛機師亦需要以雙腳控制方向舵，讓飛機滑行至跑道的適當位置，然後腳踏剎制器讓飛機停下。

如此複雜的飛機降落程序，對飛機師可說是相當大的考驗，在過程中不但要求飛機師的手腳及眼睛高度協調，更需要飛機師對不可預知的環境及情況作出應變。在練習飛機降落的過程中，我曾經試過下降速度不足，當飛機到達跑道時，飛機仍在跑道上空 200 尺，以致降落失敗。除了降落高度的偏差，我亦曾經在飛機將降落時，轉彎太多或太少，飛機未能對準跑道，引至未能安全降落，於是只好再將飛機爬升，從頭開始降落程序。導師認真的向我指出，若未能安全降落，便不能強行降落，以免產生危險，而應立即施以最大馬力讓飛機再次爬升，之後再嘗試降落，因為飛行安全是首要的考慮。因此，在飛機降落時，飛機師必須極度專注，準確掌握飛行速度、控制飛行方向，以及有技巧地讓飛機着陸。

就飛機降落的技巧方面，飛機師可以延長 Downwind Leg 的距離，並於較後的時間才轉彎到 Base Leg，這樣當飛機轉彎到 Final Approach 時，飛機師便有足夠距離及時間調節飛行的方向、高度及速度，這樣便較容易成功著陸。

此外，當飛機由 Base Leg 轉入 Final Approach 準備降落時，如希望飛機在 Final Approach 有較長的距離進行調節，則應較遲才由 Base Leg 轉彎到 Final Approach，而轉彎的速率亦應相應較高，如下右圖所示，便可有較多時間在 Final Approach 準備降落。

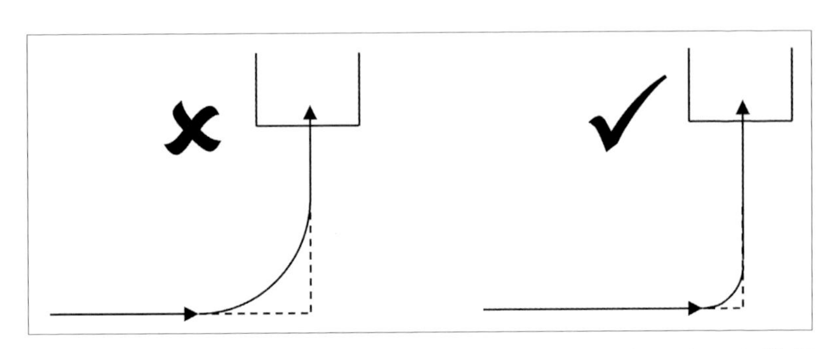

回想起第一天的飛行課，所有的起飛及降落步驟也是由導師負責，在飛機升空的一刻，我的確有一點緊張，但看見導師充滿經驗的操作及冷靜的態度，我便安心下來。當飛機升空後，導師從容自若地放心讓我駕駛，指示我轉彎、改變飛行速度及方向，而我則需很費力地注視各儀錶及檢視機外環境。一小時的飛行訓練很快便結束，但已消耗了我很多精力。

▲在駕駛倉內準備飛行訓練

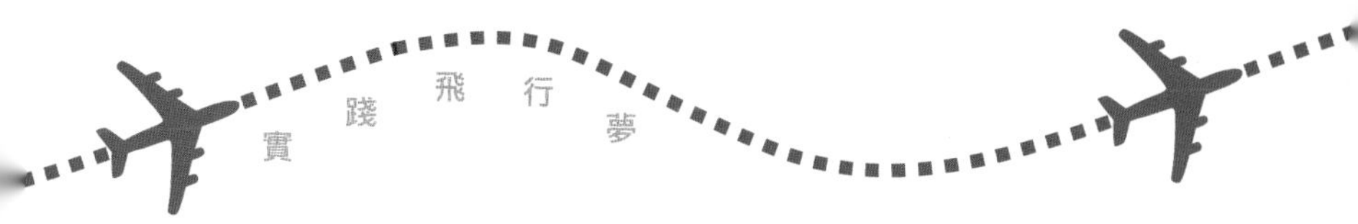

基本飛行操作

駕駛飛機的基本操作，包括水平直線飛行、爬升、下降及水平轉彎，各項操作的難度不高，一般學員應能輕易掌握。

（1）水平直線飛行

與駕駛汽車不同，飛機在空中會受到側風及升降氣流影響，以致飛行過程中在方向或高度方面偏離指定航道。若飛機師不作適時修正，飛行的距離、時間及所需的燃油將會增加，這便會影響飛行計劃，提高飛行成本。因此，飛機師必須不時注意「飛行高度儀」（Altimeter）及「飛行航向儀」（Heading Indicator），並找尋前方的參考點，以控制飛機水平直線飛行。

然而，飛行航向儀所顯示的方向存在一定誤差。記得在一次飛行訓練中，當我在 Downwind Leg 飛行時，我按照飛行航向儀的指示方向作水平直線飛行，但經過一會已感覺到有點不太對勁，飛行方向似乎有所偏差，但我又找不出因由。還是導師經驗豐富，他察覺到問題在於飛行航向儀的準確性，飛機經過大半小時的飛行，飛行航向儀所顯出的方向已偏離指南針的方向，導師於是立即作出調節以解決問題。其實在理論課中，導師已提及飛機師需每 15 分鐘校正飛行航向儀的指向一次，只是自己並未為意罷了。因此在飛行過程中，飛機師必須時刻留意各個儀錶是否運作正常，以作出適當調節。

這次經驗讓我想起導師向我分享的一項飛行心得，就是當駕駛飛機時，飛機師在注意各儀錶及控制器材的指標時，亦應注意飛行的感覺，情形與駕駛汽車近似，例如當飛機在爬升、降落及轉彎時，注意身體的不同感覺，讓感覺協助駕駛。

(2) 爬升

飛機師如需讓飛機爬升，只需增加馬力並同時拉後操縱杆（操制升降舵），飛機便會緩緩上升。若純粹拉後操縱杆而沒有提升馬力，只會把機頭拉向上，飛機並不會爬升，更有可能導致飛機失速下墮，在降落機場慢速飛行時，學員必需加倍留意！爬升的操作中，飛機師需要知道飛機的兩項性能，分別為「最大爬升角度的飛行速度（Vx）」，以及「最大爬升率的飛行速度（Vy）」。例如在起飛時，飛機必須在短距離內以大角度爬升，以遠離前方的障礙物，這時便需要以最大爬升角度的飛行速度（Vx）飛行。若希望快速爬升，則應以及最大爬升率的飛行速度（Vy）飛行。學員可在「飛機師操作手冊」查閱 Vx 及 Vy 數值。在爬升時，飛機師需不時注意「飛行速度儀」（Airspeed Indicator）、「飛行升降速度儀」（Vertical Speed Indicator）及「飛行高度儀」（Altimeter）。

(3) 下降

駕駛飛機下降的操作很簡單，基本上只要減低馬力，飛機便會減速，導致升力減少，從而下降。如欲增加下降速率，飛機師可把操縱杆稍為推前（操制升降舵），讓機頭微微向下。但學員切勿在未減速時，大幅度把機頭推向下，這樣的後果，便是飛行速度急速提升，尤其在降落機場時，飛機與地面的距離不多，這操作便會構成危險。同樣地，飛機師需要不時注意「飛行速度儀」（Airspeed Indicator）、「飛行升降速度儀」（Vertical Speed Indicator）及「飛行高度儀」（Altimeter）。

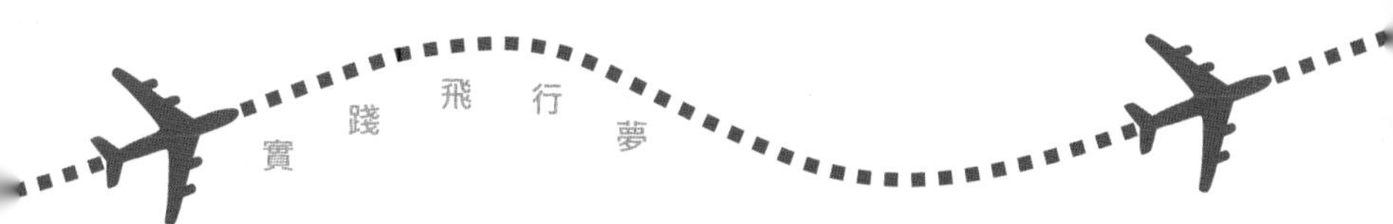

（4）水平轉彎

飛機師旋轉操縱杆（控制副翼），飛機便會開始轉彎，但如果飛行速度不變，轉彎時升力便會減少，導致飛機下降，這是學員初時經常出現的情況。故飛機師必須提升馬力，增加速度，讓飛機有足夠升力維持水平轉彎。飛機與汽車轉彎有很有的分別，駕駛汽車甚少出現「跣軚」的情況，但飛機卻很不同，基本上飛機轉彎時經常出現類似「跣軚」的情況，除跣出彎外（Slipping），亦會跣入彎內（Skidding），以致偏離轉彎弧度。飛機師必須參考「飛機轉向協調儀」（Turn Coordinator），以雙腳控制機尾的方向舵，讓飛機按指定的弧度轉彎。另外，在轉彎的技巧方面，當駕駛飛機進行轉彎時，有可能出現轉彎角度太多或太少的情況。導師提示我在轉彎至指定方向前 5° 至 10° 時，便要開始把控制操縱杆撥回至水平位置，便可較準確地轉彎至指定方向。例如，飛機需左轉至 100° 方向，當飛機轉彎至 110° 時，學員便可開始慢慢把操縱杆移至水平位置，讓飛機轉到 100° 方向時，便回復直線行駛。

其實飛行時經常要留意不同儀錶的狀態，學員初時會感覺有點吃力。但一般經過數小時的飛行訓練，學員將會漸漸熟識各儀錶的位置、功能及其數值的意義，而監察儀錶所需的精力將可以慢慢減輕，這亦是進步的跡象。

進階飛行操作

學員掌握了機本的飛行操作後，便需要學習一些進階飛行操作，包括慢速飛行、失速回復、水平陡斜轉彎及緊急降落。由於這些操作有一定程度的危險性，訓練時需駕駛飛機爬升至較高位置，離地面約 2000 尺高度，以預留足夠空間，在飛機意外下墮時仍可以控制飛機。這些操作有一點難度，但學員多加練習後，應能逐步掌握有關技巧。

（1）慢速飛行（Slow Flight）

練習這操作的目的，是讓飛機駕駛學員在慢速飛行的狀態下，感受馬力、飛行姿態、速度及高度之間的關係。學員需讓飛機減速至 60 knots，放下襟翼並調較機頭稍為向上以增加升力，飛機師便需維持這高度及速度慢慢飛行。這操作的難度在於飛機在接近失速的狀態下飛行，輕微的調節操作如進一步減少馬力、把機頭再向上拉，便會導致飛機失速下墮，故學員需學會準確操控飛機。

（2）失速回復（Stall Recovery）

學習駕駛飛機其中一項最刺激的操作訓練，一定就是失速回復，這操作的目的，便是讓飛機師在遇到失速的情況時，懂得如何控制飛機回復正常姿態飛行。飛機若要維持飛行高度，必須在一定速度以上飛行，讓機翼產生足夠升力。但當飛行速度不夠，強行維持水平飛行，最終機翼無法產生足夠升力，飛機便會下墮，這便是所謂的失速。

在這操作中，學員需減少馬力或完全暫停飛機動力，並繼續維持水平飛行。由於飛行速度減少，學員需慢慢把機頭拉向上（操縱杆拉後），讓機翼增加升力。當飛機向上角度太大，而機翼無法產生足夠的升力，飛機便會下墮。在接近失速的一刻，飛行速度很慢，飛機會震動，機翼上的失速偵測器會發出響號，繼而迅

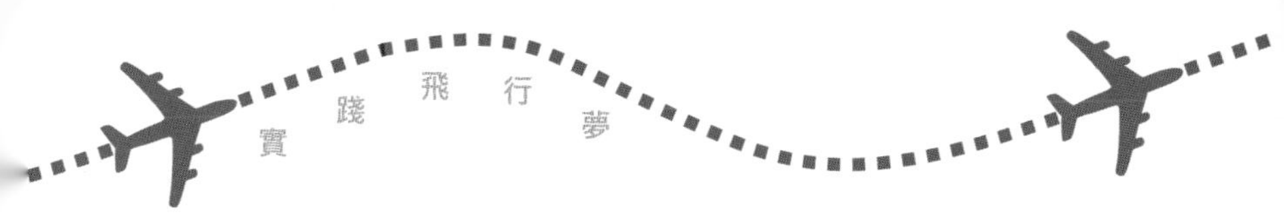

速下墮，如跳樓一樣，會出現失重的感覺。這體驗確實十分刺激，非常難忘。這時，飛機師需立即把機頭推向下（操縱杆推前），再給予最大馬力，讓飛機向下增加速度並讓機翼漸漸產生足夠升力，這時再漸漸拉起機頭（操縱杆拉後）讓飛機慢慢爬升，回復正常飛行姿態。

（3）水平陡斜轉彎（Steep Turn）

在這操作中，飛機師需要讓飛機以傾斜 45° 姿態下，順時鐘或逆時鐘方向水平轉彎。這操的目的，是訓練飛機師能夠順暢轉彎，控制方向，調節馬力，以及調控專注點。這是一個要求頗高的操作，因為傾斜角度很大，飛機師的身體需承受頗大的離心力，而視線角度亦需要適應。在操控方面，飛機師必須施以極大的馬力，才能維持水平飛行。另外，控制轉彎角度亦必須準確，因為若以超過 45° 轉彎，飛機速度將無法讓機翼產生足夠升力，便會因而墮機，產生危險。同樣地，飛機師亦需要根據「飛機轉向協調儀」以雙腳控制方向舵，讓飛機暢順轉彎，這些操作對飛機師的要求的確很高。

（4）緊急降落（Emergency Landing）

這訓練的目的，就是學習在遇到緊急情況下，如動力系統故障時，需要進行緊急降落的技巧。首先飛機需以 90° 飛越跑道中間上空，關閉油門讓發動機不工作，再調節飛機至「最佳滑行速度」，即大約 65 knots 至 70 knots。然後維持飛機繼續向前，轉彎至起落航線的順風邊（Downwind Leg），再控制飛行按機場起落航線下降及轉彎，最後在跑道降落。這操作的要點，是當關閉動力後，必須盡快調節飛機至最佳滑行速度飛行，這速度讓飛機有最長的滑行距離，即表示有最多的時間處理降落。而難處則是，飛機已完全沒有動力，純粹以滑行方式下降，故飛機師的準確操控，是成功降落的關鍵。

（5）旋轉下墮回復（Spin Recovery）

學習駕駛小型飛機，一般不需要學習這飛行操作，在飛行操作考試中也沒有這項目。但如有機會，飛行學員可在導師操作下，感受一次旋轉下墮，這經歷必定讓學員終身難忘。

旋轉下墮，即飛機向下並以旋轉模式急速俯衝下墮，過程可謂驚心動魄。首先，飛機師以水平飛行，並慢慢減速，在接近失速時，飛機師向左或向右旋轉操縱杆，導致一方機翼首先失速，

◀與經驗豐富的飛行導師 Michael 飛行，他坐在後方操縱飛機，在高空嘗試了一次旋轉下墮，令我終身難忘。

飛機便會機頭轉向下，以旋轉的方式急速下墮。在這過程中，飛機師的視野由初時水平而轉向上，從看見前方山景變成只有藍天白雲，繼而旋轉向下，看到地面在旋轉，眼前景象實在令人頭暈眼花，人也差不多昏倒了！在身體方面，飛機師充分感受到跳樓離心力的感覺。在下墮時，上身完全向着地面旋轉，嚇人的程度真是連心臟也快跳出來！

回復的首要條件，飛機師必須無懼旋轉急速下墮，保持清醒操控飛機。而回復的方法，首先需以雙腳控制方向陀，讓飛機不再旋轉，同時把機頭推向下，讓飛機增加速度，使機翼能夠產生升力，再慢慢提升機頭，回復水平飛行。

這飛機的設計，機尾較長，方向陀的整流板較大，比較容易進行旋轉下墮回復的操作。

(四)基礎航空通訊

駕駛飛機與駕駛汽車其中一項不同之處，是汽車司機在馬路上可以看見路面的情況，包括其他車輛、行人及交通訊號而駕駛汽車。可是飛機師在駕駛飛機時，若要知道天空中的交通情況，必須完全依賴機場控制塔職員提供各項資訊，才能進行安全飛行。控制塔職員的工作就如馬路上的交通警員，負責協調及管理空中交通。因此，飛機師必須掌握與控制塔職員溝通的技巧，才算是合格及稱職的飛機師。

在接受飛行訓練的初期，與機場控制塔職員溝通的工作是由導師負責，我只是從旁聆聽，學習所需報告事項及內容。可是當學員完成首次單獨飛行後，接著便開始跨境飛行訓練，這時導師便要求學員學習與控制塔職員溝通。我明白這是飛行訓練的要求，亦無可能永遠也依賴導師替我進行。因此，導師盡早讓我練習，對我而言亦是一件好事。在每次飛行，飛機師最少要與控制塔職員進行五次對話，如果在飛行過程中遇有特別情況，控制塔職員亦會即時通知飛機師以作配合，確保所有飛機均能夠安全抵達目的地，完成飛行旅程。一般完成多次跨境飛行，學員應能掌握與機場控制塔職員的溝通技巧及談話內容。現在就讓我與大家分享基本通訊內容及重點(有關跨境飛行的通訊要點，請參閱第5章)。

(1)報告飛行計劃 (Flight Plan)

飛機起飛前約一小時，飛機師須以手提電話致電控制塔(這是私人飛機場的程序)，報告飛行計劃，所需報告資料如下：

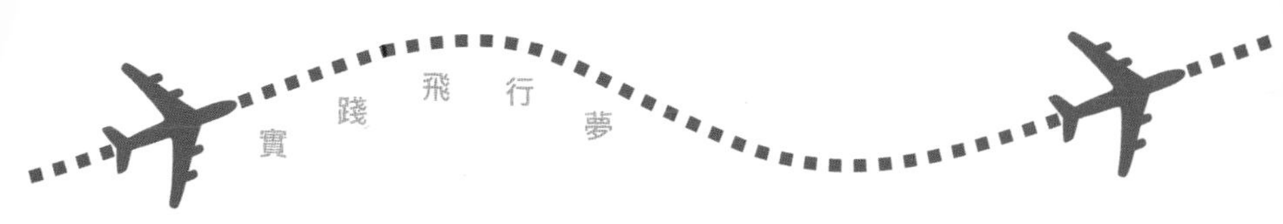

報告內容	解釋
Chiang Mai Approach	清邁機場控制塔
HS-CMA	飛機名稱為 HS-CMA
Local flight over NOK Airfield, not above 2000 ft	飛行性質及目的地為於 NOK Airfield 作本地飛行，高度不超過 2000 尺
Departure local time 10 : 30	起飛時間為本地時間上午 10 時 30 分
1 hour flight	預計飛行時間為 1 小時
Endurance 4 hours	飛機可持續飛行時間為 4 小時
Person on board : 2 persons	登機人數為 2 人
Pilot in command : Ng Wing Shui	飛機師姓名為 Ng Wing Shui
Pilot phone no. : 087-9938275	飛機師手提電話號碼為 087-9938275

註：我所駕駛的小型飛機型號為 Cessna 152 小型飛機，其平均耗油量為每小時 6 gallons，左右機翼各可盛載最多約 12 gallons 燃油，合共 24 gallons，即若飛機注滿燃油，飛機可持續飛行 4 小時。但任何飛行計劃，均不會耗盡燃油。

若飛行計劃沒有特別問題，機場控制塔職員便會回答「Flight Plan Approved」。然而，若飛行計劃與其他飛機的飛行航道有衝突，則機場控制塔職員便會要求起飛時間提早或延遲，以協調空中交通。

（2）請示飛機滑行及起飛 (Taxi and Takeoff)

飛機啟動引擎前，飛機師須再以手提電話致電控制塔，請求批准飛機於跑道滑行及起飛。例子如下：

對話內容	解釋
Chiang Mai Approach	清邁機場控制塔
HS-CMA	飛機名稱為 HS-CMA
Requests taxi and takeoff	請求於跑道滑行及起飛
Time 35	時間為 (這小時)35 分
Local flight over NOK Airfield, not above 2000 ft	飛行性質及目的地為於 NOK Airfield 作本地飛行，高度不超過 2000 尺

若跑道上空沒有飛機經過，機場控制塔職員便會回答「Ok ! Please report after airborne. QNH 2992」，意思是「無問題，請於飛機升空後報告控制塔，高度儀氣壓值為 29.92」，當飛機師收到這回覆，便可調節高度儀的氣壓值，開始啟動引擎，滑行及起飛。飛行高度儀根據氣壓轉變測量高度，但氣壓受氣溫影響，數值經常改變，故起飛時需從機場控制塔取得當時當地的氣壓值，讓飛行高度儀準確量度飛行高度。

然而，若控制塔認為飛機不能在要求的時間起飛，職員會簡述原因並要求滑行及起飛時間延遲，以協調空中交通。飛機師可憑經驗，以預計可能延誤的時間，再在適當的時間致電控制塔請示起飛。

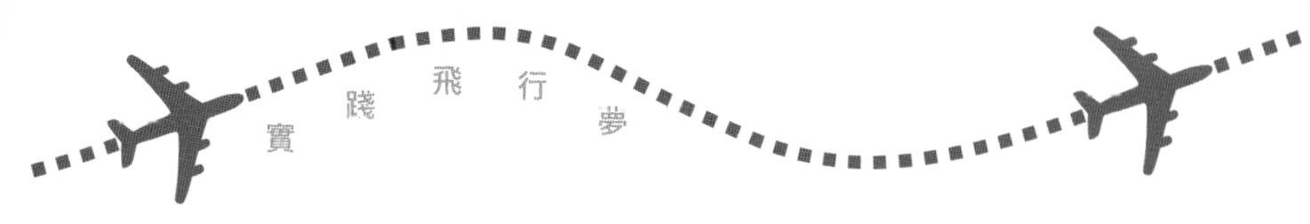

（3）報告飛機升空

當飛機升空後，飛機師須儘快透過駕駛倉內的無線電通訊器，向機場控制塔報告飛機已經升空，報告內容如下：

報告內容	解釋
Chiang Mai Approach	清邁機場控制塔
HS-CMA	飛機名稱為 HS-CMA
Airborne	飛機經已升空
Local flight over NOK Airfield, not above 2000 ft	飛行性質及目的地為於 NOK Airfield 作本地飛行，高度不超過 2000 尺

控制塔職員收到訊息後，便會重讀以確認訊息，並再次給予 QNH 值，例子如下：「HS-CMA airborne, local flight over NOK airfield, not above 2000 ft, QNH 2992」。飛機師則應回覆：「2992 Roger」，並檢查高度儀氣壓值的設定。

（4）報告飛機降落 (Landing)

當飛機師準備駕駛飛機降落跑道並完全停航時，飛機師須透過駕駛倉內的無線電通訊器，於飛機在起落航線的順風邊（Downwind Leg）行駛時與機場控制塔聯絡，報告內容如下：

飛機師：　「Chiang Mai Approach, HS-CMA join final Runway 16, full-stop landing」。意思是「飛機 HS-CMA 即將進入 160° 方向跑道的起落航線降落末邊，進行降落並完全停航。」

控制塔職員：　「HS-CMA full-stop landing Runway 16. Please report after landing」。意思是「飛機 HS-CMA 於 160° 方向跑道降落並完全停航，降落後請報告。」

飛機師：　「HMA Roger」。意思是「飛機 HMA（飛機簡稱）收到訊息。」

（5）報告完成降落

飛機降落並完全停航後，飛機師須儘快以手提電話致電控制塔，報告飛機已完成降落。報告內容如下：

飛機師：　「Chiang Mai Approach, HS-CMA full stop landing completed, time 40」意思是「飛機 HS-CMA 已於（現在小時）40 分完成降落。」

控制塔職員：「Time 40 Roger」。意思是「40 分收到。」

在訓練過程中，我與機場控制塔職員的溝通曾產生誤會，而這些誤會主要是因為大家的溝通語言是英文。英語並非我的母語，亦非泰國人的母語，在我而言，聆聽及明白英文飛行術語並不容易，再者，控制塔人員所說的英語多少帶有泰文口音，甚至間歇性加插泰文溝通，實在令我難以明白。我曾因在報告飛行計劃資料時，不明白控制塔職員的問題而需向導師求救。那次在報告期間控制塔職員突然問我「An Du 玩」，我要求她重覆一次，但仍然完全無法明白她的意思，於是我只好無奈地把電話交予導師，導師與職員以泰文溝通一會後，向我解釋「An Du 玩」的意思是飛機可持續飛行的時間，我才恍然大悟，原來「An Du 玩」即是「Endurance」，這就是典型的「泰式英文」讓我產生的誤會。然而，完成整過飛行訓練後，我對與機場控制塔職員溝通的

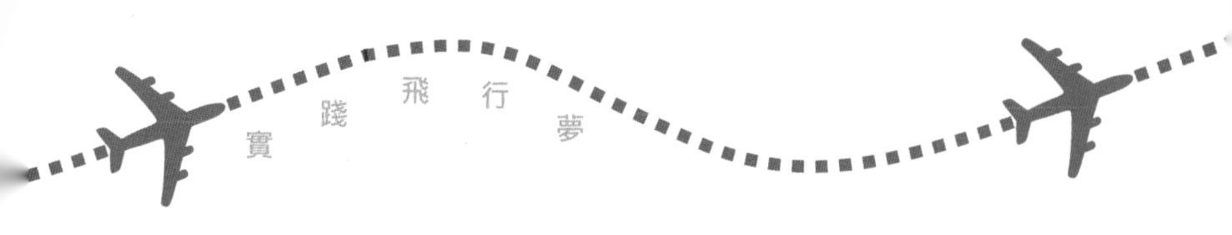

內容及方法已能夠完全掌握。

另外，飛行會職員告訴我，報告飛行計劃其實是有時間要求。若飛行性質為本地上空飛行，飛機師應最少於起飛三十分鐘前向機場控制塔報告飛行計劃。若飛行性質為跨境飛行，則應最少於起飛一小時前作出報告，以取得批准。其實，每次飛行前均宜及早報告，以讓機場控制塔職員作出協調。另外，當飛機完成降落及結束飛行後，亦須立即向機場控制塔作出報告。機場控制塔職員會根據飛行計劃的結束飛行時間開始計時，若過了三十分鐘後仍未收到完成降落報告，機場控制塔便會啟動危機處理機制，了解飛機是否發生意外，隨即致電在機場當值的飛行會職員了解情況。因此，學員完成飛行後，千萬不要忘記向機場控制塔「報平安」。

另外，飛行會為了讓我更了解飛行控制塔的運作及通訊，特別安排我到清邁國際機場的飛行控制塔參觀，在過程中我可以觀察到機場雷達資訊、風速溫度資訊、飛機航行紀錄、通訊射燈裝置、以及通訊員的實時通訊，可謂大開眼界。

▶參觀清邁國際機場飛行控制塔

飛行訓練小貼士

（一）提升體能應付訓練

飛機學員的體能及精神狀態，對飛機訓練有很大的影響，例如在進行失速回復練習，飛機會急速下墜，我們的心臟需要承受這突如其來的刺激，便必須有健康的體魄才能應付。另外，在數小時的飛行訓練，不時需要穩定地控制飛機，雙臂必須有力。在操控飛機時，飛機師需單手握住控制杆，以控制飛機在水平飛行、轉彎、上升或下降。而另一隻手則需控制飛機馬力，以調節飛行的方向及速度，兩手需同時做出微調動作。由於需要較長時間持續進行上述動作，強壯手臂必然有助維持飛行的穩定性。

除了健康的體魄，良好而穩定的精神狀態，以至在遇到突發事件承受壓力的能力，在飛行過程亦相當重要。我曾在飛行訓練中，被窗外的風景所吸引，讓我不自覺地從窗外望向地面，而忽略了監察儀錶的數值，以致飛機正在爬升也不察覺。這時導師向我作出適當的指示，提醒我需集中精神、保持清醒，以注意儀錶而作正確飛行操作。

（二）有效溝通

另外，在訓練的過程中，必須與導師保持良好溝通，當導師給予指示時，學員應大聲重複導師的指示，這樣可讓導師知道我所接收到他的指示是否正確，如導師發現我誤解了他的指示，亦可即時作出糾正。如對導師的指示有任何疑問，則應即時向導師提問，或請導師重複指示或解釋意思，而不應自行假設導師的意思。

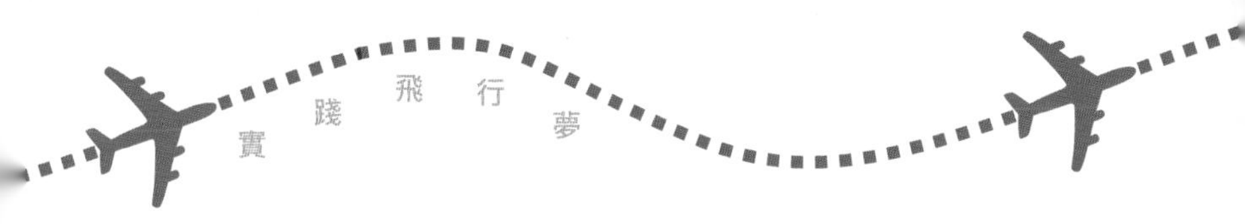

訓練生活點滴

一天緊湊的訓練過後，我原本計劃前往清邁的著名景點 Ping River Riverside 的 Good View Bar and Restaurant 晚膳，感受清邁旅遊熱點的熱鬧氣氛。然而當我到達餐廳時，電話卻突然響起。電話是來自清邁飛行會的行政總監，她邀請我出席當晚舉行的飛機師聚會。於是我便改變行程，立即前往舉行聚會的餐廳。原來清邁飛行會會為每一位剛考獲飛機駕駛執照的飛機師舉行慶祝會，並會於慶祝會上頒發證書。這天正是有一位學員成功考取飛機師駕駛執照！看見別人能夠成功考獲飛行駕駛執照，我告訴自己在不久的將來，也會像這位學員一樣，取得飛機駕駛執照，成為飛機師宴會的主角。宴會中，行政總監告訴我，以往共有五位學員來自香港，包括兩位男學員及三位女學員，他們全部也能夠成功考獲飛機駕駛執照，而我就是第六位來自香港的學員，她表示希望我也能順利完成訓練，成為下一位來自香港考獲飛機駕駛執照的學員。的確，一年之後，我便成為第六位來自香港考獲飛機駕駛執照的學員，亦成為慶祝會的主角！

▲民航局考官（右）頒發證書予考獲私人飛機駕駛執照的飛機師（中），相中左方便是我的飛行導師 Paibool。

晚宴上，我認識到其他參與飛行會活動的朋友，當中包括飛行學員、飛行駕駛導師、飛行理論課導師、飛行會職員及其他參與飛行活動的泰國朋友。泰國人親切友善，我受到他們殷切的款待，感覺很是溫暖，再一次證明我到泰國學習駕駛飛機，是一個完全正確的選擇。晚宴氣氛輕鬆愉快，平日在課堂上態度認真而嚴肅的導師，下課後便是親切的朋友，與我們舉杯暢飲，把酒談心。其中一位導師知道我在香港是位大學教授，他對我說他以為一般教授或講師也是比較文靜，通常都是忙於在辦公室備課及在課室授課，或是埋首於學術研究，想不到我為何會有興趣學習駕駛飛機。我向他坦言，駕駛飛機在天空翱翔是我多年的心願，只是為了生活及工作而未有合適的時機實現夢想，今次專程到來泰國學習駕駛飛機，其實是希望實現多年來的飛行夢，而我也只好笑說我是非一般的教師吧！

席間另一位導師又問我為何選擇到泰國學習駕駛飛機，我向他表示我選擇到泰國學習駕駛飛機的其中一個原因是希望練習英語。導師一臉疑惑的向我表示大部份泰國人都不懂英文，能說英文的都不是說得很好，而我的英語水平比我們還要好，如何能在泰國學好英語？我向導師解釋，我知道作為一個飛機師，需以英語作為溝通語言，故必須有良好的英語水平。然而在香港大部份人也以廣東話溝通，沒有訓練英語的機會。到了泰國後，我只能以英語和別人溝通，每天均可練習，英語必定有進步。導師聽完我的解釋後便滿意的說：「I see. Good! Good!」。

****

在其中一次飛行訓練課，我在機場遇到數位外籍人士，他們正準備駕駛小型飛機出發前往泰國南部布吉市，整個旅程包括中

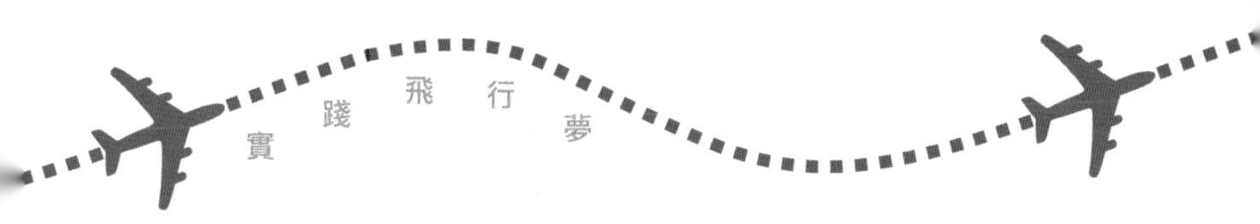

途休息及遊覽共需三天，我相信這旅程必定十分精彩，因為由泰國北面駕駛小型飛機到泰國南面，是十分長途的跨境飛行，沿途風景優美，途中必須有多個中途站補充燃油，相信飛行路線規劃一定十分有趣。希望我考獲飛行駕駛執照後，可以安排類似的行程，享受飛行樂趣。

****

在其中一天的訓練，天氣不算理想，早上多雲無風，但想不到卻為我帶來特別的飛行經驗。當我駕駛飛機爬升至 800 尺低空時，身邊竟被一層雲海包圍著，讓我可以穿過一團又一團小小的白雲，當飛機穿過雲團時，眼前突然變得一片白茫茫，仿如進入仙境中，興奮感覺實在難以形容，讓我感受到衝上雲霄的喜悅。其實駕駛小型飛機，如未取得「儀錶飛行執照」（只根據儀錶資訊飛行的能力），並不可以進入雲內飛行，以免產生危險，但極短時間內穿過小小的雲團，則問題不大。

****

到清邁學習駕駛飛機其中一個得着，便是可以享用地道泰北菜色。上午飛行訓練後，導師經常帶我到不同的地道飯店享用午餐，由於香港的旅遊書完全沒有介紹，一般遊客根本無可能找到這些別具風味的小飯店。這些飯店沒有華麗的裝飾，也沒有穿上高級制服的服務員，但我卻可以享用百分百的泰北地道

▲與飛行導師在地道飯店享用正宗泰北菜色

菜色，例如相中的竹筒糯米飯，伴上地道烹調的燒肉、蔬菜，味道特別亦十分可口。當我拿起叉匙開始進食時，飛行導師指出，原來應該純粹用手在竹筒中撕出一塊飯團，再拿到小菜內讓飯團滲入餸汁後進食，這才是正宗泰北人食法，這實在是很有趣的經歷。而價錢亦十分便宜，店員態度很好，感覺很不錯。

****

飛行訓練縱然相當緊湊，但也有放假輕鬆的時刻。在課餘時間，我也會如一般遊客般到訪當地的旅遊景點，逛逛熱鬧的清邁夜市，遊覽售賣各式其式貨品的市集，以及地道的雜貨街市，感受清邁當地人的生活及風土人情。遇上清邁的特別節慶，我也會參與，樂在其中與當地人共享節日熱鬧的氣氛。

我在第二次到訪清邁時，已無需地圖的幫助，亦能自在地逛街，追蹤心愛的牛肉麵、士多啤梨杯及香噴噴的串燒。當我到達第一次到訪清邁時曾光顧的按摩店，按摩師竟亦向我說 "I remember you."，這親切的問候，讓我深深感受到泰國人的友善，我彷佛已成為當地的「街坊」。

飛行會為我安排的宿舍位處清邁的市中心，只需步行約 10 分鐘，便能到達清邁著名的夜市。清邁週日夜市，為我在清邁生活的日子帶來無限回憶。步行街夜市只於週日晚上營業，這是一個讓我百走不厭、留連忘返的地方。這裡有各式各樣的檔攤，售賣各種別具特色的物品，衣服、精品；沿途亦不乏賣藝人士的落力演出，歌唱、跳舞通通都能吸引途人的注視目光；感覺肚餓了，可光顧琳琅滿目的熟食檔；行得累了，又可接受腳部按摩。所以直到現在，我每次到清邁享受飛行樂趣的日子，我也必定選擇在

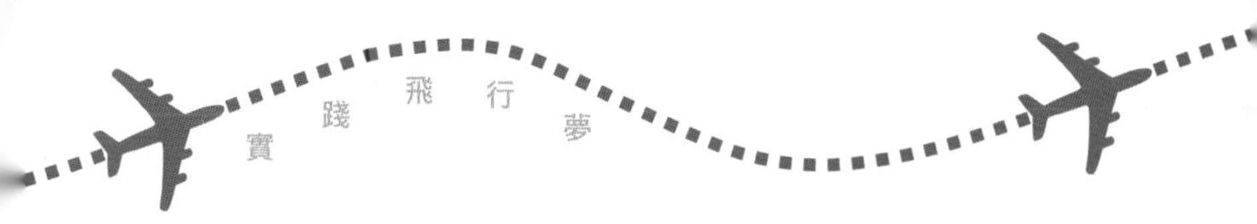

夜市附近的酒店留宿，再次拜訪週日步行街夜市。

泰國的潑水節就等同我們中國人的農曆新年，泰國全國放假三天，讓各地各地人民互相潑水慶祝。飛行會司機知道我是第一次於潑水節期間到訪清邁，便邀請我一同「玩水」。其實我對潑水沒有太大的興趣，但身處泰國，我亦不妨嘗試感受當地節日氣氛，因此我沒有多作考慮，便答應一同出席。

飛行會職員知道我會參加潑水節，特意提醒我一定要用膠袋包裝電子器材，以防器材入水損壞，我亦不敢無視忠告，故在出發前已把所有電子器材如電話及相機以膠袋包妥，並輕裝上陣應戰。想不到我仍未正式上街，宿舍下店舖的職員已向我送上一盤冷水，我大半身軀即時濕透，這便是我「過節」的序幕。到達清邁市，發現戰況十分激烈，每人均各自準備武器，使用各式各樣的水槍，人人小小的水桶，不分你我互相開戰，誓要把目標變成「濕水鴨」才罷休，我亦當然無法幸免。因此我決定進行大反擊，購買一支大水槍，裝滿「彈藥」後，便頻頻選擇目標予以還擊。我擅長打游擊戰，不少目標中槍後，亦未能發現我的蹤影，無法報復，策略十分成功。戰場上亦有不少女郎全身濕透，在鬧市展現透視裝，為潑水節增添香艷色彩。在天朗氣清，陽光普照的日子，長長街道竟被大戰變成澤國，可見戰況是何等激烈。

大戰過後，返回宿舍點算裝備，原來我在大戰中亦有損失，褲袋內兩包紙巾原來承受不了大戰的水攻，已變成了「濕紙巾」，幸好其他裝備完好無損，泰國潑水節原來這樣精彩！

****

我身後這架飛機有型嗎？有沒有興趣擁有一架？其實這架飛機由飛行會其中一名職員添置，售價約 2,000,000 銖，即約港幣

＄45,000，價錢並非太昂貴，與購買一部私家車相約，若將來退休後選擇於泰國生活，我可能也會購買一架私人飛機，讓我可不時漫遊天際。

****

在泰國新年期間，我也上了一堂飛行訓練課。完成飛行後，機場所有職員突然圍着站在一起，而我也被邀請成為其中一員，一同站立。當中我的導師最年長，他手持一盆白酒，上面有一束田園野花。等一會後，導師開始以泰文說話，其他人均稍微低頭靜靜聆聽，而我並非泰國人，當時完全不明說話內容，於是我也表示尊重靜靜地站着。其後，導師以花束逐一向其他人的頭上灑上白酒。最後導師說：「Happy New Year!」我終於明白了！原來導師正為其他人作新年祈福，我又一次感受到泰國人的文化了！

看見別人能夠成功考獲飛行駕駛執照，我告訴自己在不久的將來，也會像這位學員一樣，取得飛機駕駛執照，成為飛機師宴會的主角。

第 5 章

重要里程碑

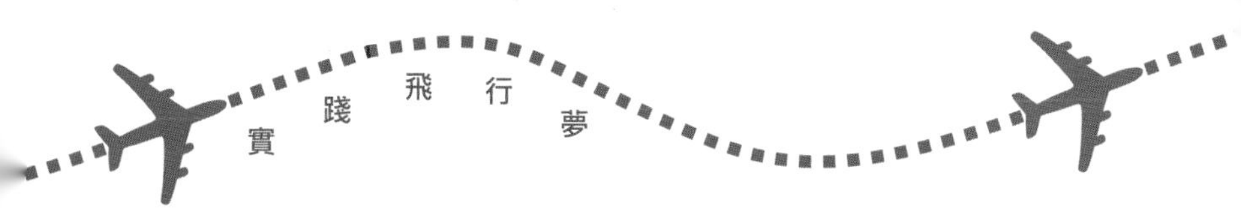

在整個飛行訓練過程中，學員必須完成多項極具挑戰性的任務，才能成功考獲私人飛機駕駛執照。這些挑戰包括首次單獨飛行、首次單獨飛離訓練機場、跨境飛行、飛行理論考試、飛行知識口試，以及飛行操作考試。每一項挑戰均是飛行訓練的重要里程碑，見證着學員的成長，讓學員最終成功考獲駕駛執照，成為合格飛機師。對我而言，這些項目是不容輕視的挑戰，因此我需要絕對認真地進行訓練。然而，堅毅而冷靜地面對挑戰是我一貫的態度，我很有信心可以克服所有困難和挑戰，成功考獲私人飛機駕駛執照，完成多年來的心願。

首次單獨飛行（First Solo Flight）

首次單獨飛行考核，要求學員自行駕駛飛機起飛，沿機場起落航線（請參閱第 4 章）飛行，之後降落回機場跑道。對任何一位學習駕駛飛機的學員來說，這不但是難忘而興奮的經歷，亦極具意義。完成首次單獨飛行標誌着學員的駕駛技術獲得肯定，學員已能夠安全單獨駕駛飛機升空及降落，是學習飛行的首個重要里程碑。

經過接近 5 小時的訓練，我已能夠掌握飛機的基本操作，導師亦能夠放心讓我自行駕駛飛機。飛行訓練期間，我最喜愛飛行導師的姿勢，便是雙手交叉放在胸前靜靜地坐著。因為當導師作出這姿勢，便表示導師放心讓我獨自駕駛飛機，導師只從旁監察，若一切操作正確，導師便不會作出干涉或給予口頭指示，放心讓我駕駛。其實這亦是導師有效教授的方法，導師向我表示，若導師經常給予指示或控制飛行，學員永遠不能掌握獨自飛行的技巧及信心。在飛行訓練中，我發現導師「放手」的時間越來越多，回想在第一天的訓練，導師只讓我在空中獨自進行直線水平飛行及簡單轉彎。其後，導師開始讓我自行進行起飛、爬升、下降及回復失速狀態。在接著兩天的訓練中，導師開始讓我嘗試獨自降落，而我亦漸漸掌握當中技巧，導師表示即將可以把飛行機場起落航線的一切操作交給我，讓我準備首次單獨飛行，真是太好了！

在飛行訓練期間，看見導師在悠閒地欣賞風景，心想當我退休後，若能作為一位兼職飛機駕駛導師，亦不失為一項很寫意的工作。作為駕駛導師不但可以每天翱翔天際，亦能夠幫助他人實現飛行夢想，更可結交世界各地志同道合的朋友，又能免費遊飛機河，甚至可賺取酬勞，真是一舉數得，實在是值得追求的目標。

進行單獨飛行考試那天早上，我精神抖擻地迎接這個重要日子。到達機場後，我如常進行飛行前檢查及與機場控制室聯絡，接著我便與導師登上飛機駕駛艙，準備我的首次單獨飛行。飛行隨即開始，導師觀察我進行三次起落航線飛行，認為我已完全可以單獨駕駛飛機後，導師便離開飛機，向我說：「我相信你已可以單獨駕駛，現在就進行首次單獨飛行吧！」導師說罷便離開飛機步向跑道旁，而我便開始進行首次單獨飛行。

期待已久的時刻終於到來了！然而坦白說，那刻我的心情並不特別興奮或緊張，因為我已完全掌握基本的飛行技巧，我只需將相同的步驟重複一次便可。再者，我很清楚知道，興奮或緊張的心情只會影響到我的表現，故我更加要讓我的心情平靜，以清醒的頭腦完成這次考驗。

飛機到達跑道起步點，我再次檢視起飛前的工作清單後，便開始施加動力，加速讓飛機起飛。速度到達 30 knots … 40

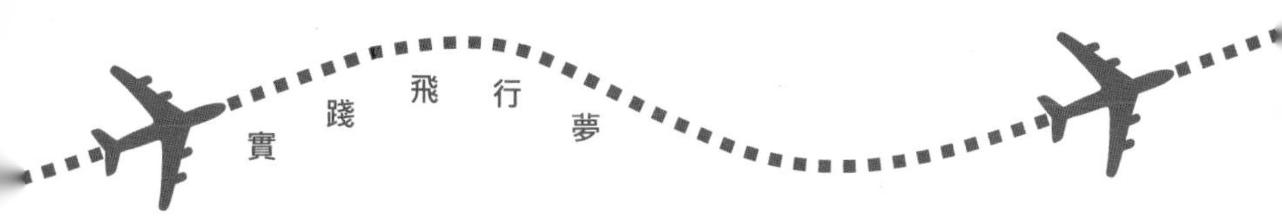

knots … 50 knots，我把控制杆往後拉，飛機順利升空了。但我隨即發現有點不對勁的情況，我發現這次飛機升空後，螺旋槳的噪音特別大聲，身體也特別涼快，為什麼？向右一看，啊！原來導師離開飛機前把窗子打開了，我大意地忽略了。我便立即把窗子關閉及緊緊上鎖，繼續專注駕駛。在之後的飛行操作中，一切相當順利，飛機降落後，導師亦向我說：「Good Landing!」，但是導師接著笑着對我說：「但當起飛時，你忘記了關窗。但也不打緊，這並不影響飛行安全。」我只好尷尬點頭地說：「是，我忽略了關窗。」其實從這次經驗得知，飛行過程中一定會遇到不同的事件，機師必須冷靜而恰當地處理任何突發事件。

順利完成單獨飛行了，按照飛行會的傳統，每當有學員完成首次單獨飛行，一眾會員會穿上整齊的飛機師制服，精神抖擻地在停機坪列隊，準備與學員慶祝這項成就。這天，我成為主角了！導師首先莊嚴地為我戴上肩章及半翼襟章，這表示我已成功取得單獨飛行的資格。這刻我的心情實在有點激動，我挺起胸膛，昂首天際，自豪地接受加冕，用心享受這歷史時刻。接著，飛行會的另一成員向我頒發單獨飛行證書，為我戴上寫有「Solo」的帽子，亦向我獻上一束白色鮮花。其實，我之前在飛行會的網頁已看過類似的照片，但主角並非自己，沒有甚麼感覺，而今天我已成為典禮的主角，感覺截然不同。他們親切的款待，讓我充分感受到清邁飛行會成員的熱情，他們熱愛飛行，亦全心全意地為我取得單獨飛行的資格而高興，他們逐一向我作出恭賀，歡欣之情毫無保留地流露於臉上。隨後各成員逐一向我送上一支紅玫瑰，為我手上白色鮮花帶來色彩，更為我的人生帶來色彩。今天，我知道只要努力追求夢想，終有一天可以夢想成真！

在典禮完結後，我已急不及待地繼續進行約半小時單獨飛行，享受飛行的樂趣。沒有導師在旁，腦海湧現流行歌手容祖兒名曲【我的驕傲】的歌詞：

「***I can fly！ I'm proud to fly up high！...***」。

▼飛行導師 Paibool 為我戴上肩章及襟章後，向我祝賀。

一眾飛行會成員見證我完成首次單獨飛行

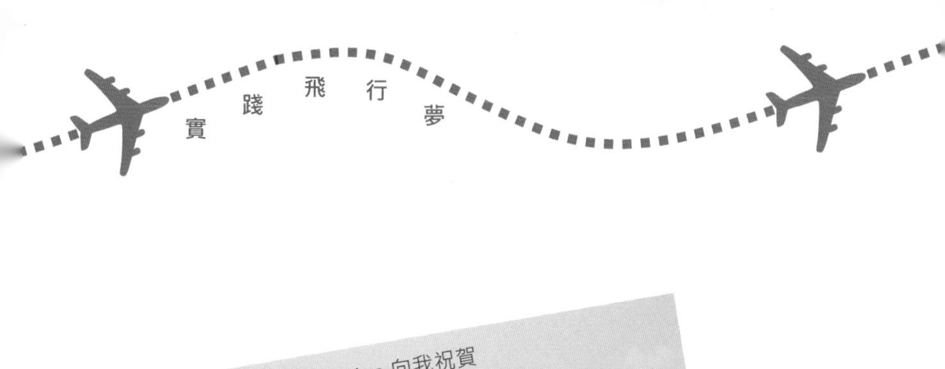

飛行會經理 Pornpattarawadee 向我祝賀

完成首次單獨飛行，很有成就感！

▲飛行會為學員慶賀的安排，很有心思！

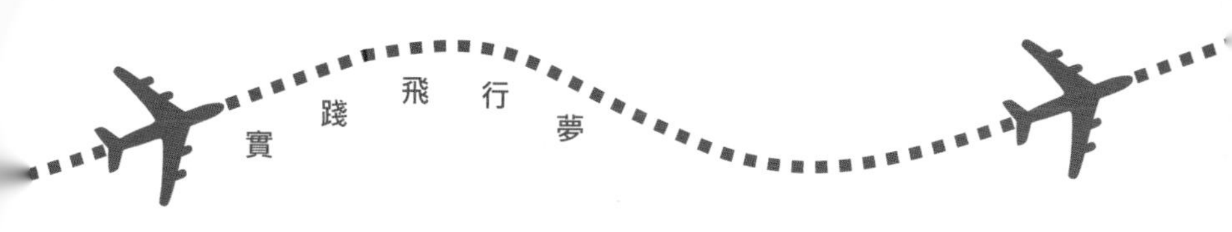

首次單獨飛離訓練機場

正如兒童長大，終有一天需要自行離開成長的屋邨遊玩，之後便要懂得路途返家。飛行訓練也是一樣，飛機師總不能只在訓練機場上空飛行，總有一天需要遠走高飛，自由翱翔天際。但駕駛飛機與地面活動有很大分別，天空沒有指示牌引路，迷路時亦不能讓飛機停下來慢慢思考，所以飛離訓練機場的挑戰，在於飛行後需懂得返回訓練機場，安全降落。這項飛行訓練要點是基本的飛行導航，雖然能力要求不高，但對學員來說，第一次單獨飛離訓練機場，也是一項挑戰。

從開始訓練至首次單獨飛行，學員一般都在訓練機場範圍上空飛行，而機場跑道通常也在視線範圍內，看見跑道在附近，可以隨時降落，學員便有多一些安全感。記得在我成功完成首次單獨飛行的第二天，導師突然對我說：「你已能獨自飛行，今天我想你自行駕駛飛機到附近一個內陸機場（南奔 Lamphun）附近範圍上空，進行飛行練習。」收到這個指示後，我即時有點緊張，因為當時我從未有自行離開訓練機場的經驗，亦不熟識清邁的地形環境，這的確是一項新挑戰。定過神後，我立即取出地圖，首先量度飛行距離，知道兩點距離為 8 海里，大約 15 公里，即大概是由荃灣至大尾篤的直線距離，再量度往返飛行方向，便得到這次飛行路線的概念。其後我取出 GPS 工具，設定起飛訓練機場為飛行的終點，GPS 工具便會展示訓練機場的位置，以及飛機與機場的實時距離、方向等資訊。另外，我亦需與飛行控制塔溝通，報告飛行路線。完成這些準備工作，我便很有信心地起飛，順利完成這項挑戰。自此之後，我開始覺得自己「有毛有翼」，將更大膽地獨自飛行。

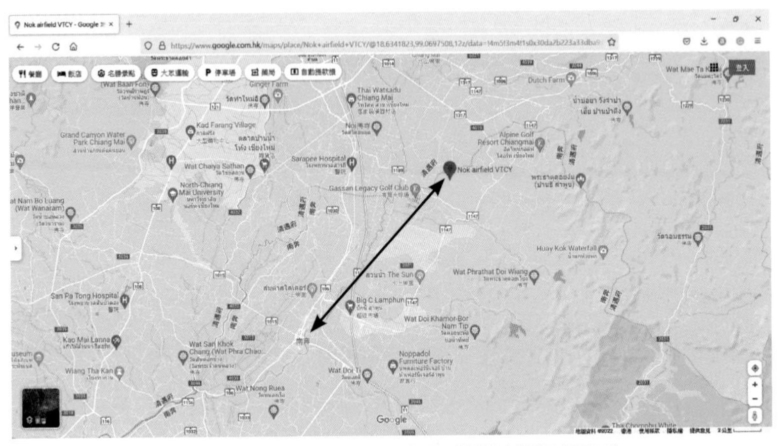

▲圖中直線，便是我首次單獨飛離訓練機場的路線。

跨境飛行訓練（Cross Country Flight）

成功完成首次單獨飛行後，我便開展更具挑戰的跨境飛行訓練。簡單而言，跨境飛行訓練是駕駛飛機由飛行訓練機場，跨越一個指定距離，飛往其他機場，降落後再折返。根據美國聯邦航空條例，如要考獲私人飛機駕駛執照，飛行訓練必須符合以下有關跨境飛行的要求：

- 最少 3 小時在導師指導下的跨境飛行訓練；
- 最少 5 小時單獨跨境飛行，包括：
  - 最少 1 次總距離不少於 150 海里的單獨跨境飛行，當中在 3 個機場（包括起點的訓練機場）起飛及降落，而其中一段飛行距離必須多於 50 海里；
  - 該 3 個機場必須由機場控制塔管理，飛機師必須按機場起落航線飛行。

在此不得不提，由於香港沒有 3 個飛機場，飛行距離亦未能符合上述要求，香港根本無法提供合規格的跨境飛行訓練。因此，

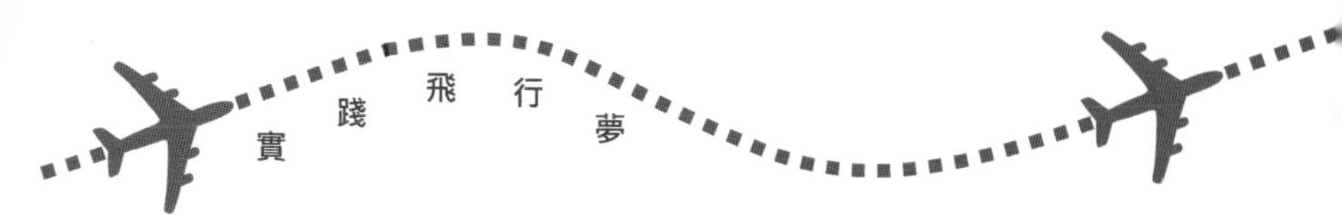

大家不宜在香港學習駕駛小型飛機，免得花了金錢後，卻又不能考獲飛行駕駛執照，落得失望下場。

跨境飛行的挑戰，在於要求學員能夠綜合運用所有飛行知識及技巧，包括擬定飛行計劃、檢視天氣、操控飛機、飛行導航，航空通訊，按機場程序升降及滑行等等。進行跨境飛行訓練，讓我真正感受到成為飛機師的嚴謹要求，同時亦讓我享受到飛行的樂趣。

（一） 跨境飛行前準備

在進行跨境飛行前，學員需要擬定飛行計劃，並為行程作出各項準備工作。首先需決定飛行中途站，如上文所示，導師要選擇另外兩個機場作中途站，位置要符合跨境飛行距離的要求，一般每次跨境飛行訓練時間也是接近兩小時。接著，便是學員為每一段定點飛行路線準備飛行計劃。以下乃美國聯邦航空總署（FAA）提供的飛行計劃表格，飛行學員可運用這表格，以準備跨境飛行。

Form Approved: OMB No. 2120-0026

U.S. DEPARTMENT OF TRANSPORTATION
FEDERAL AVIATION ADMINISTRATION

FLIGHT PLAN

(FAA USE ONLY) ☐ PILOT BRIEFING ☐ VNR ☐ STOPOVER | TIME STARTED | SPECIALIST INITIALS

1. TYPE	2. AIRCRAFT IDENTIFICATION	3. AIRCRAFT TYPE / SPECIAL EQUIPMENT	4. TRUE AIRSPEED	5. DEPARTURE POINT	6. DEPARTURE TIME		7. CRUISING ALTITUDE
					PROPOSED (Z)	ACTUAL (Z)	
VFR IFR DVFR			KTS				

8. ROUTE OF FLIGHT

9. DESTINATION (Name of airport and city)	10. EST. TIME ENROUTE		11. REMARKS
	HOURS	MINUTES	

12. FUEL ON BOARD		13. ALTERNATE AIRPORT(S)	14. PILOT'S NAME, ADDRESS & TELEPHONE NUMBER & AIRCRAFT HOME BASE	15. NUMBER ABOARD
HOURS	MINUTES		17. DESTINATION CONTACT/TELEPHONE (OPTIONAL)	

16. COLOR OF AIRCRAFT

CIVIL AIRCRAFT PILOTS. FAR Part 91 requires you file an IFR flight plan to operate under instrument flight rules in controlled airspace. Failure to file could result in a civil penalty not to exceed $1,000 for each violation (Section 901 of the Federal Aviation Act of 1958, as amended). Filing of a VFR flight plan is recommended as a good operating practice. See also Part 99 for requirements concerning DVFR flight plans.

FAA Form 7233-1 (8-82)
Electronic Version (Adobe)

CLOSE VFR FLIGHT PLAN WITH ______________ FSS ON ARRIVAL

表格各項內容的描述如下：

1. 飛行操作類別：飛行學員應標示為 VFR，即 Visual Flight Rules，代表遵循「目視飛行規則」飛行，例如飛行過程需要符合能見度的要求。
2. 飛機登記名稱：例如我駕駛的訓練飛機名稱為「HS-CMA」。
3. 飛機型號：例如我駕駛的訓練飛機為「C-152」，代表 Cessna 152 小型飛機。
4. 航行速度：Cessna 152 小型飛機的航行速度，一般為約每小時 100 海里。
5. 起飛機場：這處應填寫起飛機場的「國際民航組織機場代碼」（ICAO Code），例如香港國際機場的代碼為 VHHH。
6. 出發時間：填寫預計及確實的出發時間。
7. 飛行高度：填寫爬升後，在空中水平航行的高度。飛機師必須檢查沿途山脈高度，以更高的高度飛行。另外，當飛行高

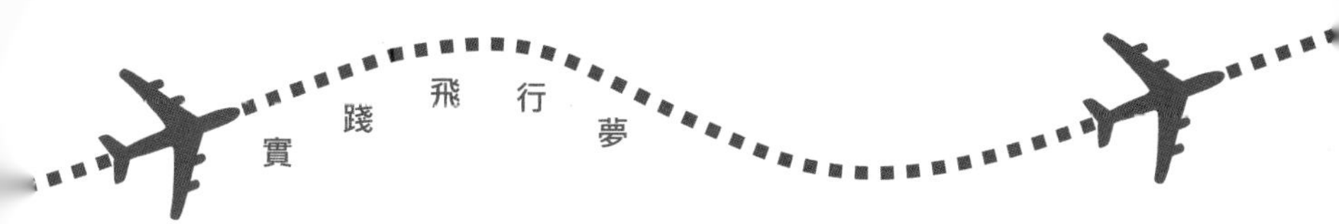

度高於 3000 尺，如飛行方向為 0° 至 179° ，則應以 3,500 尺、5,500 尺 ,7,500 尺……高度飛行，如飛行方向為 180° 至 359° ，則應以 4,500 尺、6,500 尺 ,8,500 尺……高度飛行，以保障飛行安全。當然，如果飛行距離不太遠，便無需爬升至太高的高度航行，以省卻爬升及降落的操作。

8. 飛行路線：填寫飛行路線的距離及飛行方向。
9. 目的地：填寫目的地機場及城市名稱。
10. 預計飛行時間：根據飛行距離，預計飛行所需的時間。
11. 備註：填寫補充資料，如飛機場的高度、跑道的方向、控制塔的通訊頻道。
12. 燃油量：填寫飛機所載的燃油，可供飛行的時間。一般載滿燃油的小型飛機（Cessna 152），可飛行約 3.5 小時。飛機師必須確保有充足燃油，完成跨境飛行。
13. 緊急降落飛機場：飛機師需要決定，當遇到危險的情況時，需要緊急降落的飛機場。
14. 飛機師及飛機資料：填寫飛機師名稱、地址、電話，飛機停放的機場。
15. 機上人員數量：填寫包括飛機師，在飛機上的人員數量。
16. 飛機顏色：填寫飛機顏色，如發生意外時，方便搜救。
17. 目的地聯絡電話：填寫到達目的地後，可供聯絡的電話號碼。

另外，雖然擬定了飛行計劃，但亦可能會受天氣影響而改變。一般而言，我會在飛行前的一天在互聯網上取得天氣預測資訊，並於飛行當日再次了解即時的天氣情況，以決定能否按原定計劃飛行，還是需要作出相應的調節。

(二) 跨境飛行裝備

進行跨境飛行，飛機師當然需要帶備地圖及 GPS 工具（請參閱第四章）。除此之外，在跨境飛行過程中，飛機師經常需要記錄飛行資訊，如起飛降落時間、與機場控制塔通訊的重要內容、天氣資訊、以及爬升、下降、偏離航道飛行的資料等等。因此，飛機師必須準備紙筆書寫文具。

然而在飛行過程中，飛機不停搖擺震動，駕駛艙空間又不多，雙手又忙於駕駛飛機，如何可以書寫呢？解決這問題的方法，便是準備一塊如下圖的 Kneeboard，這是一塊約 A5 大小的金屬夾板，附有的布帶能把夾板繫於大腿，布帶上亦設有筆套以擺放書寫筆，板上還刻有飛行常用資料，設計可謂十分周到。有了這塊夾板，飛機師便可單手在大腿上書寫。

▲ VFR Kneeboard

（三）開始跨境飛行

每次正式飛行前，飛機師均需致電或用通訊器與機場控制塔聯絡，報告飛行計劃，取得控制塔的飛行許可後，才可按計劃起飛。在飛行過程中，縱然在行程開始前已作充足準備，但飛機師必需因應飛行時的實際情況作出應變。例如在原定的飛行路線中，飛機師會因應天氣變化而微調飛行的高度和方向，以避開雲層，亦可能需要與其他飛機保持距離，調整飛行路線以確保安全。但飛機在天空飛行，不能如駕駛汽車般看見路面情況，要清楚天空中的交通情況，飛機師需要時刻與航空控制塔保持聯絡，並需就各項更新的操作，包括飛機起飛、爬升及降落，向控制塔匯報並取得批准。每當由一個航空管制區域飛往另一航空管制區域，飛機師便需轉往相關通訊頻道，與另一個機場控制塔通訊，之後便從這控制塔取得新航空管制區域的氣壓值，再調較「飛行高度儀」（Altimeter）以顯示準確的飛行高度。

在飛行期間如果進入了沒有機場控制塔管制的區域，飛機師便需自行報告將會進行的飛行操作，讓其他在同一航空區域的飛機師收到資訊，從而作出相關回應，以確保飛行安全。雖然這情況較少機會發生，但飛機師亦需注意。

跨境飛行其中一項難處，便是要在一個陌生的機場降落。首先，飛機師需知道該飛機場的高度，在駕駛飛機到達機場前，需要降落至跑道以上 1000 尺高度，以準備進入機場起落航線。另外，飛機師亦需要預先了解機場跑道的方向，在降落前再向機場控制塔查詢當時使用的跑道方向（考慮風向），以及起落航線的方向（左方 / 右方）。之後，便要計劃進入起落航線 Downwind

Leg 的路徑。飛機降落跑道後，飛機師便需要按機場控制塔指示滑行至指定的停泊處。由於飛機降落涉及不少程序，而機場控制塔職員說話的速度亦相當快，因此，飛行學員必須熟識飛機場程序，方能做到邊進行飛行操作，邊與控制塔職員通訊，而當中要求的能力實在不容輕視。

仍記得第一次跨境飛行訓練，的確給我很深刻的印象，這代表着我終於可以衝出訓練飛機場遠走高飛，而訓練又進入了另一階段了。在計劃航程時，導師教授我如何透過地圖取得飛行方向、距離及飛行高度等資料，從中我亦可以實際運用從導航理論課所學習的知識。

導師決定了首次跨境飛行的路線，首先由清邁訓練機場到帕府（Phrae），接着到南邦府（Lampang），再到南奔（Lamphun），最後由南奔（Lamphun）返回清邁訓練機場，以下圖表顯示這次跨境飛行的航線，全程距離共 159 海里，飛行時間大約 2.5 小時。

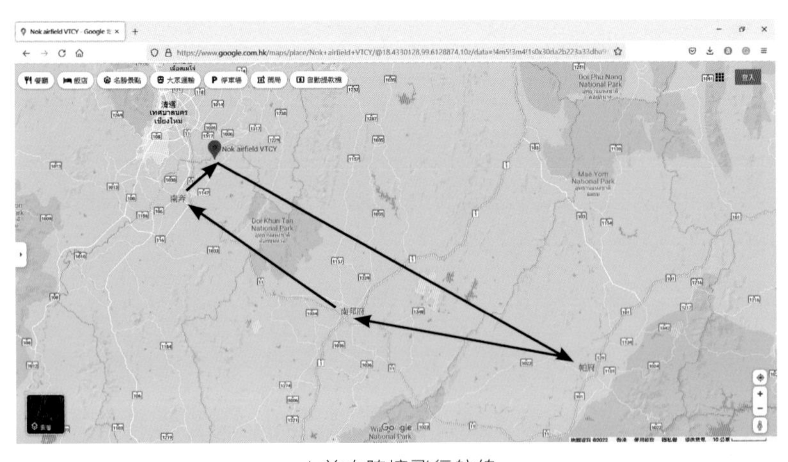

▲首次跨境飛行航線

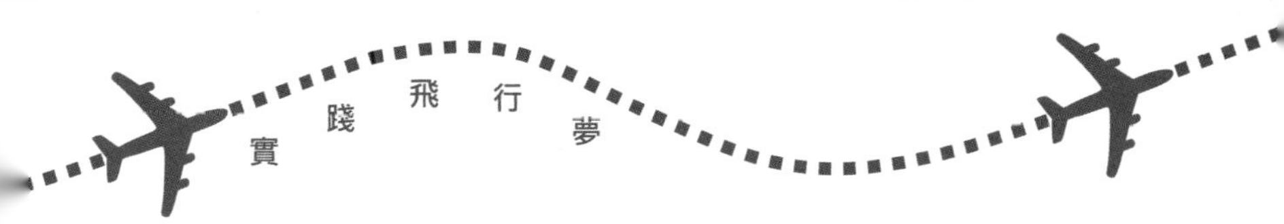

起飛機場	降落機場	方向	距離（海里）	飛行高度（尺）
清邁訓練機場	帕府（Phrae）	118°	72	5,500
帕府（Phrae）	南邦府（Lampang）	283°	41	4,500
南邦府（Lampang）	南奔（Lamphun）	300°	38	4,500
南奔（Lamphun）	清邁訓練機場	050°	8	2,000

▲跨境飛行中的每段航線資料（註：南奔（Lamphun）乃中途站，並無降落此機場）

從訓練機場飛向帕府（Phrae），飛機需飛越一座約 5000 尺高山。因此，這路程的計劃飛行高度為 5,500 尺。然而導師告訴我，根據飛機爬升速度，縱使由起飛開始全力爬升，亦無法跨越這座高山，故飛機需在機場上空先爬升至 2000 尺，再繼續爬升，往帕府（Phrae）方向進發。

當飛到 5,500 尺高空，視野頓然變得一片廣闊，從飛機往下望，地上景物彷彿變成小人國，汽車縮小到只有一毫米大小，如螞蟻般在地上走動，讓我感到十分有趣。飛機進入山脈中，環顧身邊的環境，群山巍峨、懸崖陡峭，構成一幅幅美麗的圖畫。飛機在高空上，白雲在身邊飄過，溫度下降至大約 20 度，身體亦有涼快的感覺。突然，一塊白雲出現在飛機前方，導師判斷雲塊的性質後，便決定維持行駛方向，衝入雲中。當飛機進入雲中，眼前突然一片白濛濛，無法看到四周任何景物。導師提醒我此時應注意飛機的飛行狀態，需盡量維持水平飛行及保持高度。導師

▲跨境飛行降落到達帕府（Phrae）機場

亦指出，飛機師其實亦可考慮改變行駛方向，繞過雲塊再向目的地飛行，但因為現今飛機師使用衛星導航系統，無需擔心迷失方向，故飛入一塊小雲中也問題不大。在飛行途中，導師不時向我指示飛行航道的檢查點，如主要道路及發電站等，讓我知道飛機身處的位置。當飛機開始下降時，因氣壓上升的關係，我的耳朵亦出現耳鳴的情況。經過一小時的飛行，終於到達帕府（Phrae）機場。跨境飛行為我帶來奇妙的感覺，實在非筆墨所能形容。

到達每一個機場，把飛機停泊妥當後，飛機師便需要到入境大堂辦公櫃台進行登記，填寫一些基本資料，如出發飛機場、飛機名稱及型號、飛機師資料、降落時間、人數等等。之後，便需要繳交飛機「著陸費」85泰銖，即大約20港元，而飛機停泊則免費。這些收費，與香港國際機場相比，實在太便宜了！一架小型飛機，如在香港國際機場降落，首先需要繳交HK$3,150著陸費，另外需要每15分鐘收取約HK$180的飛機停泊費。所以，到泰國考取私人飛機駕駛執照，實在是明智的選擇。

由於準備工作充足，以及在具有豐富經驗的導師指導下，首次跨境飛行按計劃路線順利完成。然而在跨境飛行過程中，不時會遇到一些未能預計的情況，飛機師必須作出應變。而在我的訓

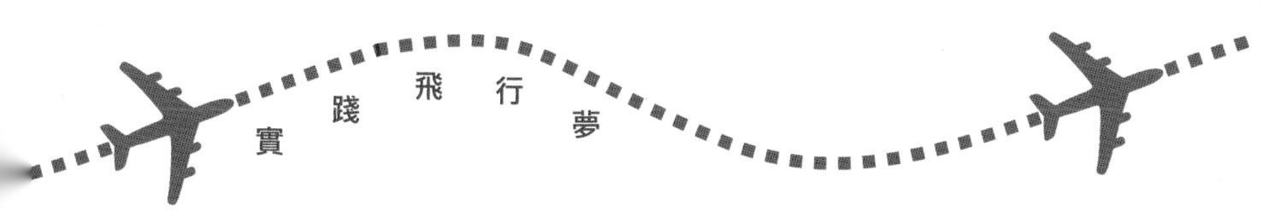

練當中，亦有一些跨境飛機經驗，令我留下深刻印象，就讓我與大家分享一下吧！

▲南邦府（Lampang）機場

（四） 難忘的跨境飛行經歷

變幻莫測的天氣，通常是打亂飛行計劃的一個主要原因。在一次跨境飛行訓練中，導師決定飛行到拜縣（Pai）機場，再原路折返。下圖乃這次飛行的航線，由於飛機不能橫越清邁國際機場上空，因此，飛機需要首先由訓練機場飛往湄林縣（Mae Rim）（圖中路線轉折點），再前往拜縣（Pai）。這航線的特色，是要飛越一座高達7,800尺的高山，即表示需爬升至8,500尺高空飛行。我相信在更高的高度飛行，一定更可飽覽群山美景，我對這行程，可說是「未出發，先興奮」！

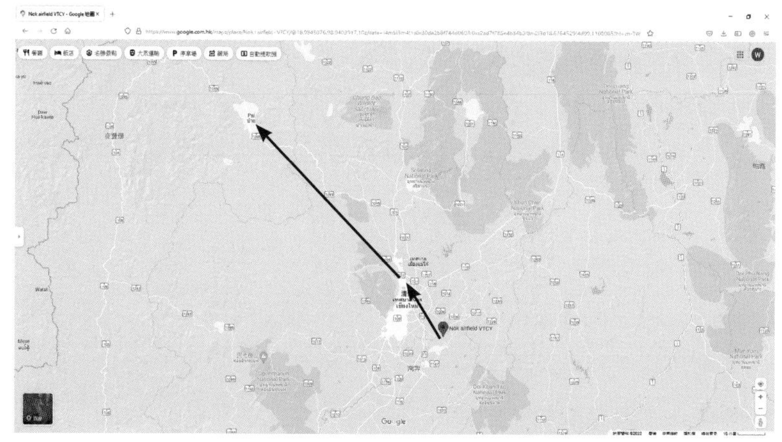

▲由清邁訓練機場前往拜縣的航線

飛機出發時，天氣並不理想，多雲而間中有雨。但導師身經百戰，稍作觀察後，便決定按原定計劃出發。飛行初時，一切尚算順利。然而持續爬升後，天氣迅速變壞，雲層變厚而不穩定，下雨亦變得頻密，雲層底部亦漸漸下降。面對這天氣變化，導師亦開始考慮改變計劃。正當我亦感到有點失望時，抬頭往上一看，竟然讓我發現奇景！原來當時我們已爬升至非常接近雲層的底部，不穩的天氣令天空產生大範圍的「鐘乳雲」。一般人在地上看見「鐘乳雲」，都會認為「鐘乳雲」靜靜不動。然而，在非常接近「鐘乳雲」底部觀看，卻發現原來雲內所有巨大的「鐘乳」都在洶湧翻騰、不停滾動，情況就如正在大火煮沸的水面，氣勢磅礡，其風雲色變，蔚為壯觀。看見如此罕有的景象，真的讓我深刻難忘。導師指出，縱然天氣不穩定，但如在雲層底下飛行，仍然安全，但飛入雲內，則會產生極大危險。由於當時雲層已發展至很大範圍，而雲底已下降至山頂以下，因此導師認為無法跨越高山，便只好決定取消行程，原路折返。這次跨境飛行可謂很有驚喜，在失望時卻讓我遇到難忘的經歷，實在太奇妙了！

▲跨境飛行時遇到的鐘乳雲

飛行訓練的學員，必須遵循「目視飛行規則」飛行，而其中一項規則，便是不能進入雲內飛行，避免視線受阻而產生危險。然而在一次與導師進行的跨境飛行訓練中，在很特別的情況下，我竟然進入雲內飛行長達二十多分鐘。這次跨境飛行訓練在下午進行，大約 1 時 45 分出發，原定的航線由清邁訓練機場起飛，首先到南奔（Lamphun），接着到南邦府（Lampang），再到帕府（Phrae），最後返回清邁訓練機場，全程飛行時間大約 2 小時 30 分鐘。

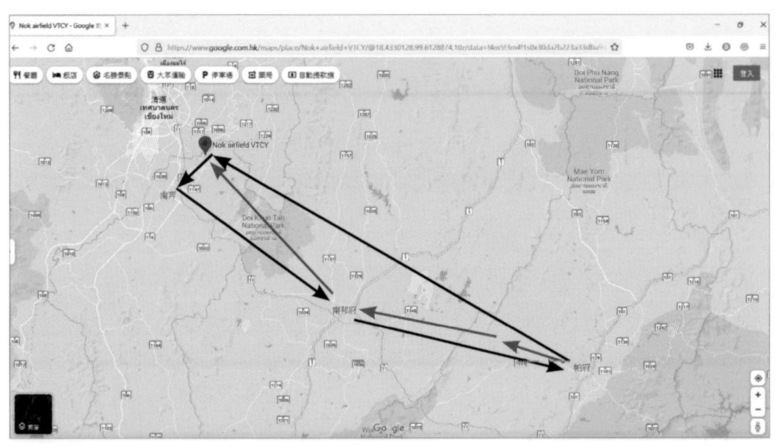

▲黑色路線是這次跨境飛行的原定航線，最後一段航線因天氣變壞而要更改，紅色路線乃應變後的飛行路線。

起飛機場	降落機場	方向	距離（海里）	飛行高度（尺）
清邁訓練機場	南奔（Lamphun）	230°	8	2,000
南奔（Lamphun）	南邦府（Lampang）	120°	38	3,500
南邦府（Lampang）	帕府（Phrae）	103°	41	5,500
帕府（Phrae）	清邁訓練機場	298°	72	6,500

▲原定跨境飛行中的每段航線資料（註：南奔（Lamphun）乃中途站，並無降落此機場）

由清邁訓練機場至南奔（Lamphun），再到南邦府（Lampang），之後到帕府（Phrae）的飛行，一切如常，非常順利。但到達帕府（Phrae）前，我及導師已發現天空漸漸多雲，已暗覺不妙。因此降落到帕府（Phrae）機場後，我們盡快辦理飛機著陸手續，稍作休息便再安排起飛，希望不會受到天氣影響，能夠順利完成這次跨境飛行的最後一段航程。

然而，天氣變壞的速度總會比飛機師的預期更快。最後一段航程，由帕府（Phrae）飛往清邁訓練機場，需要在起飛約 10 分鐘後，飛越一座約 3,500 尺的高山。當時我及導師已盡快出發起飛，但在起飛後數分鐘，我們已發現雲層底部已不斷下降，再飛行到較接近山脈時，雲層底部已低於山脊，這表示前路已被厚厚的雲擋住。怎麼辦？原則上，飛行學員不可飛入雲內，免生危險。當時其中一個選擇，便是折返帕府（Phrae）機場，待天氣改善後再次出發。在安全第一的考量下，這做法當然是最好的選擇。但當時已大約是下午 4 時，航程大約需要 1 小時，若折返再等待，很大機會當天氣改善時天色已晚，無法在日落前返回清邁訓練機場。另外，如果飛機折返帕府（Phrae）機場，這段飛行已消耗一些燃油，再起飛前亦需增加燃油，當中操作必然需要花上最少半小時的時間，而後果亦是一樣，相信無法在日落前返回清邁訓練機場，當日的飛行迫於無奈需要暫停，而我及導師則需在完全沒有準備下，在帕府（Phrae）機場附近留宿一宵，原來問題比想像中複雜……

在這個關鍵時刻，又是導師大展神威的時候了！導師首先叫我在原地上空盤旋一圈，給予一點時間考慮。坦白說當時我經驗很淺，實在不知如何應變，此刻只有交給導師指揮，而我則集

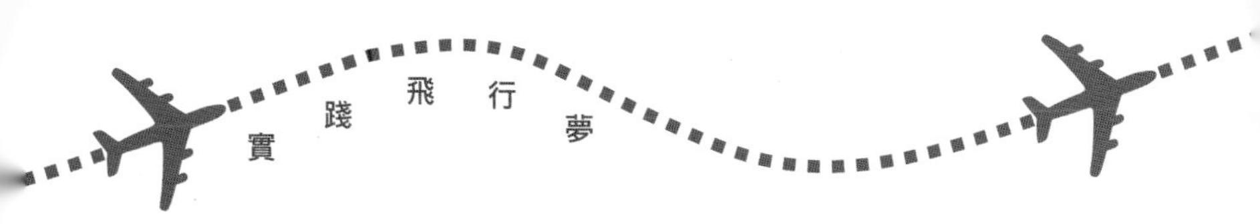

中精神按導師的指示操作飛行。等一會後，想不到導師竟指示我繼續向前（其後才明白導師的考慮），無懼前方厚雲，鼓起勇氣衝進雲內繼續飛行。在進入雲內的一刻，身邊一切突然變得白茫茫，所有景物消失無踪，而最遠可見的地方，便是兩邊機翼，感覺彷如進入另一時空，雖然在雲內飛翔有點浪漫，但孤獨上路，卻顯得有點迷茫。

由於需要跨越前方高山，進入雲後首要工作，便是要持續不停爬升，以減低危險。飛行數分鐘之後，我們仍然未能離開雲層，可見雲層相當之厚。這時，導師再作出一個極明智的決定，便是大幅度改變飛行路線，改為飛往南邦府（Lampang）。這決定有兩大優點，第一，此航線只需要跨越較低的山脊，約 3,100 尺，表示飛機可以較快爬升到山脊以上的高度。第二，此航線與山脊有較遠的距離，即有更多時間爬升超過山脊的高度。因此，在兩項因素合併之下，危險大大降低。最後在雲內整整飛行了二十多分鐘，我們才終於可以離開雲層，回復目視飛行，繼續完成這次特別的跨境飛行。到達清邁訓練機場後，已經是 5 時多，太陽也差不多下山了。靜下來後，心想幸好有導師在旁，否則我一定不能回航呢！雖然過程有點驚險，但這的確是一次非常難得的經歷。

另一次特別的經驗，亦是發生在相同的航線，由帕府（Phrae）飛行前往清邁訓練機場。這航線的飛行方向是 298°，在決定飛行高度時，除考慮需要跨越山脊外，亦必須以 4,500 尺、6,500 尺或 8,500 尺飛行（請參閱本章有關飛行計劃的內容）。由於已不是首次飛行這段航線，故導師讓我選擇飛行高度。我想一想後，便決定這次爬升至更高的高度，即於 8,500

尺飛行，期望去到更高位置，以更廣的視野欣賞沿途風景。

一直爬升至8,500尺後，感覺的確不一樣。首先是爬升至高空後，氣溫漸漸下降至不足20℃，縱然當天是炎炎夏日，在高空上我亦感到有點寒意。另外，在這飛行高度，基本上已無法看清地上的物件，就連房屋也如芝麻一樣大小，但從高角度欣賞山脈地形，亦是一種享受。除此之外，在這高空飛行，一團一團白雲就在身邊飄過，一般人渴望的衝上雲霄，在這高度飛行便可得到百分百的體驗。這些畫面及經歷，正正就是飛行的樂趣，對嗎？

正當我陶醉於沿途美景時，突然感覺怪怪的，不知為什麼全身似乎有點乏力，精神難以集中，非常昏昏欲睡，雙手拿住飛機操縱杆，但我卻只在呆呆坐着，無法命令雙手移動。我知道飛機正在飛行，但全身卻難以反應，就連說話也做不到，這實在太嚇人了！當我不知如何是好的時候，幸好導師向我發出飛行操作指令，才讓我在呆呆狀態下回神過來，我立即知道這是因為在高空飛行下，出現了缺氧的徵狀。因此，我立即作多次深呼吸，缺氧的情況才有改善。這次飛行出現短暫缺氧的情況，是我始料不及的，反而導師七十多歲，身體卻比我好，我實在有點慚愧！但無論如何，這亦是一次寶貴的經驗，提醒我以後需要更謹慎飛行。

在上述的經歷中，天氣造成的一大問題，便是厚雲在上空積聚，以致飛機無法跨越山脊，因而需要更改飛行計劃。但是原來，厚雲在飛機之下，也會造成問題。這次跨境飛行由清邁訓練機場前往帕府（Phrae），飛行方向為118°，飛行高度為7,500尺。正常情況下，當飛機跨越近帕府（Phrae）的一座高山後，我及導師便會開始讓飛機下降，而下降速度大約為每分鐘200尺，這是一個很安全的下降速度。

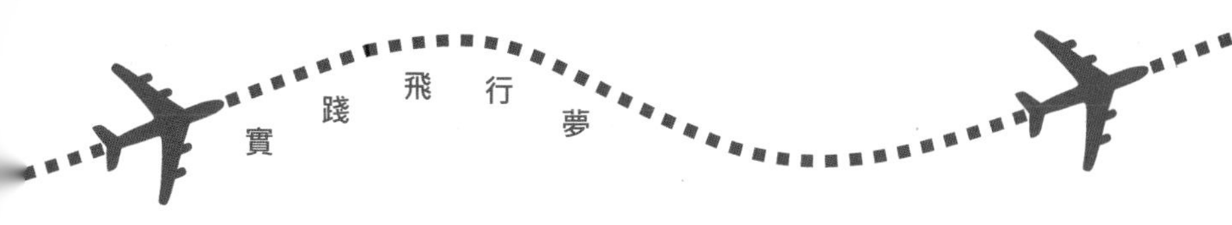

然而當天又是一個多雲的日子，當我們跨過山脊後，飛機下方積聚着密密麻麻的雲塊。按目視飛行的原則，我們也是盡量不要進入雲內，免生危險，但在雲上一直盤旋也不是辦法。想不到在這時，有趣的時刻到了！導師左望望，右望望，看見其中兩塊雲之間有少許縫隙，便立即叫我駕駛飛機穿越縫隙下降，穿過之後又再找另一縫隙，情況就好像在玩電子遊戲，主角需要跨越一關又一關的障礙，真是十分有趣！經過數次穿越後，我們終於完成這「遊戲」，下降離開雲層了。但由於穿越雲層時下降速度不高，其後我們需要加速下降，以致降落到帕府（Phrae）機場後，耳鳴也很厲害呢！

▲飛機下方密密麻麻的雲塊

在跨境飛行中，如爬升至 3,000 尺以上，由於高空的空氣比較稀薄，飛機師一般都需要減少燃油濃度，讓空氣與燃油組成最佳比例，以維持飛機引擎的性能。在一次單獨跨境飛行訓練中，我在爬升時，也按照慣例減少燃油濃度。但在下降時，我卻有點大意，忘記了回復燃油的濃度，以致飛行引擎性能下降，飛行速度減慢，最終令飛行時間延誤了 15 分鐘，這不禁讓導師擔心，以為我發生了意外！所以，每次跨境飛行必須準備充足，時刻保持清醒，便可以保障飛行安全，從中享受飛行的樂趣。

(五) 跨境飛行航空通訊

本書第四章簡單介紹了一些基本的航空通訊內容及步驟，然而在跨境飛行中，航空通訊涉及更多內容，需要更多知識，飛機師必須與機場控制塔進行有效準確的溝通，以確保飛行安全。對飛行學員而言，這些通訊操作亦是一項不能輕視的挑戰。從個人經驗來說，一般飛行學員遇到的困難有兩方面，包括英語聆聽及口語水平欠佳（當然也會受控制塔職員的英語發音影響），以及對有關跨境飛行的知識未能充分掌握，以致在跨境飛行時，通訊遇到問題。但飛行學員也不用太擔憂，只要多加練習，應能掌握當中的技巧。

在以下部份，我嘗試以我熟識的飛行路線作為例子，介紹在跨境飛行過程中的航空通訊。航線由清邁訓練機場起飛，途經南奔（Lamphun），接着降落到南邦府（Lampang）機場，起飛後再降落到帕府（Phrae）機場，最後返回清邁訓練機場，全程飛行時間大約 2 小時 30 分鐘。大家需注意，以下內容只介紹一般飛行情景的航空通訊，然而在飛行程中，經常都會遇到一些突發情況，例如因天氣或航空管制而需改變飛行航線，因此飛機師必須按實際情況與機場控制塔通訊。

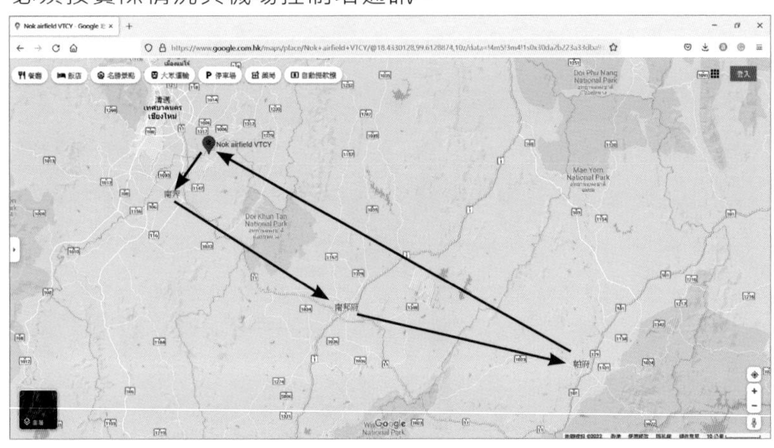

▲跨境飛行航線

起飛機場	降落機場	方向	距離（海里）	飛行高度（尺）
清邁訓練機場	南奔（Lamphun）	230°	8	2,000
南奔（Lamphun）	南邦府（Lampang）	120°	38	3,500
南邦府（Lampang）	帕府（Phrae）	103°	41	5,500
帕府（Phrae）	清邁訓練機場	298°	72	6,500

▲跨境飛行中的每段航線資料（註：南奔（Lamphun）乃中途站，並無降落此機場）

通訊內容

由清邁訓練機場（NOK Airfield）起飛

對話方	通訊內容
H-MA	Chiang Mai App., HS-CMA airborne NOK airfield, Destination Lampang, Via Lumphun, Alt. 2,000
CM App.	H-MA, Report over Lumphun
H-MA	Report over Lumphun, H-MA roger.
H-MA	(Over Lumphun) Chiang Mai App., HS-CMA over Lumphun, Destination Lampang, HDG 120, Alt. 3,500, SQ 4001
CM App.	H-MA report reached 3,500 ft
H-MA	Report reached 3,500, H-MA roger.
H-MA	Chiang Mai App., HS-CMA reached 3,500
CM App.	H-MA contacts Lampang App., 119.3
H-MA	Contacts Lampang App., H-MA roger.

註：

H-MA　：訓練飛機名稱 HS-CMA 的簡稱

CM App.：即是 Chiang Mai Approach，負責整個清邁空域範圍的機場控制塔人員

Alt.　：即是飛行高度 Altitude

HDG　：即是飛行方向 Heading

SQ　：代表 Squawk，即是飛機通訊裝置編號，讓機場控制塔人員辨別飛機

Lampang App.：即是 Lampang Approach，負責整個南邦府空域範圍的機場控制塔人員

119.3　：Lampang Approach 的通訊頻道

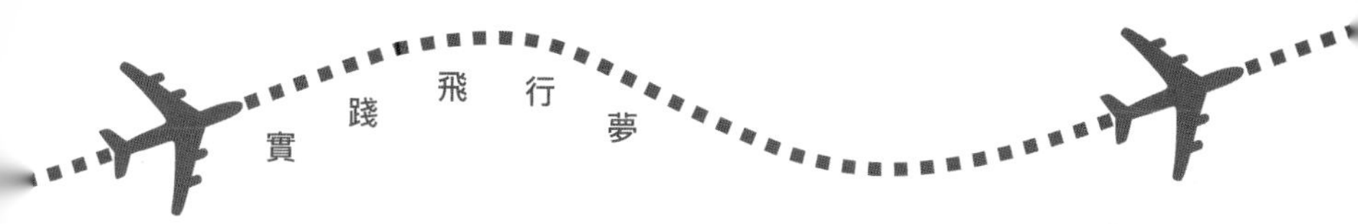

聯繫南邦府機場控制塔（Lampang App.）

對話方	通訊內容
H-MA	Lampang App., HS-CMA 25 mile, R/D 300, Alt. 3,500, SQ 4001, Request VFR descent to 1,600 ft
Lampang App.	Descent to 1,600 ft, roger.
H-MA	Lampang App. HS-CMA reached 1,600 ft
Lampang App.	H-MA contact Lampang Tower, 122.3
H-MA	Contact Lampang Tower, H-MA roger
H-MA	Lampang Tower, HS-CMA 5 mile
Lampang Tower	H-MA landing R/W 18, report right base
H-MA	R/W 18, report right base, H-MA roger
H-MA	Lampang Tower, HS-CMA join final R/W 18

註：

25 mile, R/D 300：飛機在南邦府機場 300° 方向外 25 海里，R/D 代表 radial 角度

VFR：目視飛行規則 Visual Flight Rules

Lampang Tower：負責南邦府機場範圍的機場控制塔人員

R/W 18：代表 Runway 方向 180°

report right base：使用右方的機場起落航線

由南邦府（Lampang）機場起飛

對話方	通訊內容
H-MA	Lampang Tower, HS-CMA request taxi, Destination Phare, HDG 103, Alt. 4,500, SQ 4001
Lampang Tower	H-MA report at holding point
H-MA	Report at holding point, H-MA roger
H-MA	Lampang Tower, HS-CMA at holding point prepare to takeoff
Lampang Tower	H-MA proceed to takeoff, R/W 18
H-MA	R/W 18, H-MA roger
H-MA	Lampang Tower, HS-CMA ready for takeoff
Lampang Tower	H-MA, When airborne, report Lampang App.
H-MA	Report Lampang App., H-MA roger
H-MA	Lampang App., HS-CMA airborne, Destination Phare, HDG 103 °, Alt. 4,500, SQ 4001
Lampang App.	H-MA, Report reached 4,500 ft
H-MA	Report reached 4,500 ft, H-MA roger
H-MA	Lampang App., HS-CMA reached 4,500 ft
Lampang App.	H-MA contact Phrae App., 120.1
H-MA	Contact Phrae App., H-MA roger

註：

holding point：進入跑道前的等候區

Phrae App.：即是 Phrae Approach，負責整個帕府空域範圍的機場控制塔人員

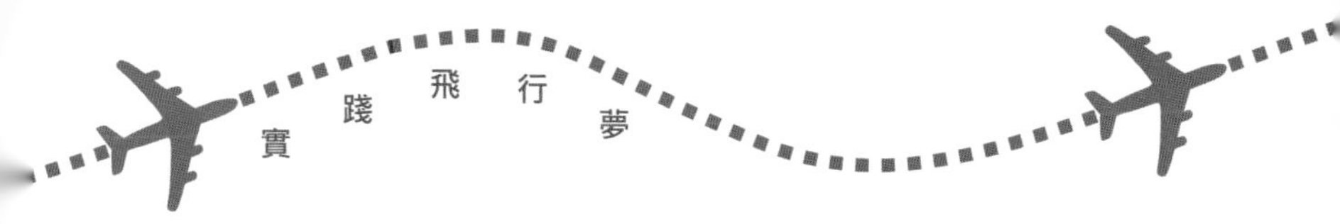

聯繫帕府機場控制塔（Phrae App.）

對話方	通訊內容
H-MA	Phrae App., HS-CMA 20 mile, R/D 283, Alt. 4,500, SQ 4001, Request VFR descent to 1,500 ft
Phare App.	H-MA, report reached 1,500 ft
H-MA	Report reached 1,500 ft, H-MA roger
H-MA	Phrae App., HS-CMA reached 1,500 ft
Phare App.	H-MA, contact Phrae Tower, 118.6
H-MA	Contact Phrae Tower, H-MA roger
H-MA	Phrae Tower, H-MA 5 mile
Phare Tower	H-MA, Landing R/W 01
H-MA	Landing R/W 01, H-MA roger
H-MA	Phrae Tower, H-MA join final R/W 01

註：

Phrae Tower：負責帕府機場範圍的機場控制塔人員

由帕府（Phrae）機場起飛

對話方	通訊內容
H-MA	Phrae Tower, HS-CMA request taxi, Destination NOK airfield, HDG 298, Alt 6,500, SQ 4001
Phrae Tower	H-MA report at holding point
H-MA	Report at holding point, H-MA roger
H-MA	Phrae Tower, HS-CMA at holding point prepare to takeoff
Phrae Tower	H-MA proceed to takeoff, R/W 01
H-MA	R/W 01, H-MA roger
H-MA	Phrae Tower, HS-CMA ready for takeoff
Phare Tower	H-MA, When airborne, report Phrae App.
H-MA	Report Phrae App., H-MA roger
H-MA	Phrae App., HS-CMA airborne, Destination NOK airfield, HDG 298, Alt. 6,500, SQ 4001
Phrae App.	H-MA, Report reached 6,500 ft
H-MA	Report reached 6,500 ft, H-MA roger
H-MA	Phrae App., HS-CMA reached 6,500 ft
Phare App.	H-MA contact Chiang Mai App., 129.6
H-MA	Contact Chiang Mai App., H-MA roger

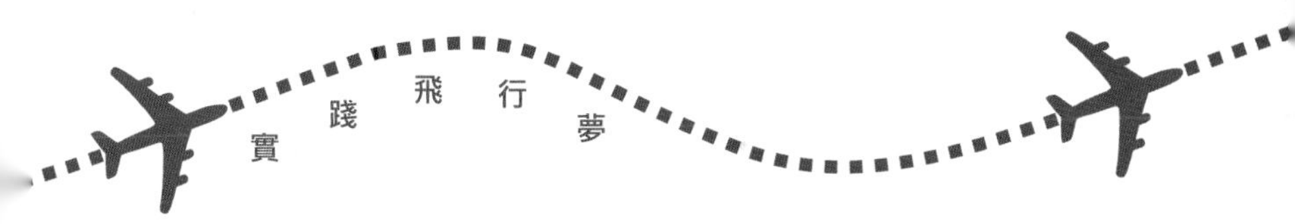

聯繫清邁機場控制塔（Chiang Mai App.）

對話方	通訊內容
H-MA	Chiang Mai App. (129.6), HS-CMA 20 mile, R/D 118, Alt. 6,500, SQ 4001, Request VFR descent to 3,000 ft
CM App.	H-MA, Report airfield insight
H-MA	Report airfield insight, H-MA roger
H-MA	Chiang Mai App., NOK airfield insight, request landing R/W 16, Full stop landing

飛行理論考試

當學員完成理論課及飛行訓練要求後，飛行會便會為學員安排參加飛行理論考試。這是一個很重要的里程碑，代表學員已經差不多到達終點，接近考獲私人飛機駕駛執照的目標，實在是值得鼓舞。然而，飛行理論考試要求甚高，對大部份學員來說，這是一個重大難關，學員必須認真準備。

飛行理論考試包括以下 7 個科目的考卷（請參閱第四章的介紹），每份考卷均涉及大量飛行理論，而內容亦頗艱深。學員必須在全部考卷取得及格成績，才能獲得參加飛行考試的資格。

- 飛行原理學（Principles of Flight）
- 飛機技術學（Aircraft Technical Knowledge）
- 飛行儀錶學（Flight Instruments）
- 航空人體學（Human Performance）
- 航空氣象學（Meteorology）

▲專為準備飛行理論考試而出版的參考書

- 飛行導航學（Navigation）
- 航空法例及規則（Flight Rules and Regulations）

準備飛行理論考試，當然必須熟讀教科書的內容，對所有飛行理論均有充分的了解。除此之外，學員亦必須閱讀一些考試天書，例如以下兩本乃專為準備飛行理論考試而出版的參考書，書內包含大量考試題目及題解，學員應盡力完成所有題目，以了解自己對相關飛行理論的掌握程度，從而更有效地準備考試。

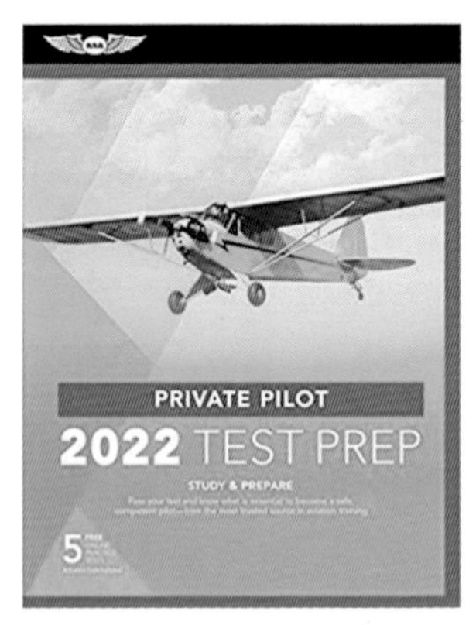

▲專為準備飛行理論考試而出版的參考書

飛行理論考試在泰國民航局進行，每月舉行一次，應考者包括泰國當地民航機師學員，以及如我這樣欲考取私人飛機駕駛執照的學員。學員可選擇一次過應考全部 7 份考卷，亦可選擇分多次應考。而我並非當地人，不希望多次到訪泰國參與考試，當然是選擇一次過應考所有考卷。但坦白說，一天內完成所有考卷，的確十分吃力！

考試在位於曼谷的泰國民航局進行，學員需以電腦作答，題目類型為多項選擇題，每份考卷共有 25 題，而及格水平為全卷的 70%，即每份考卷最少答對 18 題才算及格。每卷作答時間為一小時，時間尚算充裕。學員完成考卷，按鍵呈交後，可以即時在螢幕上知道成績，如其中一份考卷不及格，亦可在當日最後繳費重考。考試完成後，監考員會把成績單列印給學員，這文件將用作申請參與飛行考試。

▲泰國民航局入口

▲飛行理論考試的試場

PRIVATE PILOT LICENCE (PPL.)

1. AERODYNAMIC	08.00-09.00 AM.
2. AIRCRAFT TECHNICAL KNOWLEDGE	09.00-10.00 AM.
3. AIRCRAFT INSTRUMENT	10.00-11.00 AM.
4. HUMAN PERFORMANCE	11.00-12.00 AM.
5. METEOROLOGY	01.00-02.00 PM.
6. NAVIGATION	02.00-03.00 PM.
7. FLIGHT RULES AND REGULATION	03.00-04.00 PM.

▲飛行理論考試的時間表

為應付這 7 份考卷，我日以繼夜地温習，結果亦的確是一分耕耘一分收穫，我能夠一次過在全部 7 份考卷取得及格成績！我其後便立即把成績單交到飛行會，讓飛行會為我報名安排飛行考試，而我又向目標踏前一大步了！

ผลการสอบภาคทฤษฎีเพื่อขอรับใบอนุญาตผู้ประจำหน้าที่รายบุคคล

ครั้งที่ 11PPL&UPL / 2009 ลำดับที่ 194 COMPUTER

วันรับสมัคร 02/11/2009-25/11/2009 วันสอบ 25/11/2009-25/11/2009 วันประกาศผลสอบ 25/11/2009

ประเภทการสอบ การสอบเพื่อขอใบอนุญาตนักบินเครื่องบินส่วนบุคคล(Private Aeroplane Pilot license)

สังกัด CHIANGMAI FLYING CLUB. เลขที่ผู้สมัคร PEL00201090052

ชื่อ-นามสกุล Mr. WING SHUI NG เลขที่บัตรประชาชน/เลขที่หนังสือเดินทาง HA1336062

วันที่สอบ	เวลา	วิชา	เลขที่นั่งสอบ	สถานที่สอบ	ครั้งที่	คะแนนเต็ม	คะแนนที่ได้	ผลสอบ
25/11/2009	08.00-09.00 น.	AERODYNAMIC & PRINCIPLE OF	14		1	25	22	S
	09.00-10.00 น.	AIRCRAFT TECHNICAL	14		1	25	25	S
	10.00-11.00 น.	AIRCRAFT INSTRUMENT	14		1	25	23	S
	11.00-12.00 น.	HUMAN PERFORMANCE	16		1	25	20	S
	13.00-14.00 น.	METEOROLOGY	15		1	25	22	S
	14.00-15.00 น.	NAVIGATION	14		1	25	24	S
	15.00-16.00 น.	FLIGHT RULES AND REGULATION	13		1	25	22	S

สรุปผลการสอบ

จำนวนวิชา 7 วิชา สอบผ่าน 7 วิชา สอบไม่ผ่าน วิชา ***

หมายเหตุ

1. "P" สอบผ่านวิชานั้นมาแล้ว, "S" สอบได้ 70% ขึ้นไป ถือว่าสอบผ่าน, "F" สอบได้ต่ำกว่า 70 % ถือว่าสอบไม่ผ่าน

"-" ขาดสอบ, "***" สอบผ่านได้ตามเกณฑ์ที่กำหนด

2. ผู้สอบต้องสมัครและสอบผ่านได้ตามเกณฑ์ที่กำหนดภายใน 12 เดือน หรือ 4 ครั้ง

3. ผู้ที่สอบผ่านทุกวิชาแล้วจะต้องเข้ารับการทดสอบภาคปฏิบัติให้แล้วเสร็จสิ้นภายใน 1 ปี นับจากวันประกาศผลสอบนี้

▲我的飛行理論考試成績單

飛行知識口試 及 飛行操作考試

經過漫長訓練，克服重重困難，終於來到最後一項挑戰！這便是飛行知識口試及飛行操作考試，學員必須通過這兩部份的考核，才能考獲私人飛機駕駛執照，正式成為持牌飛機師。

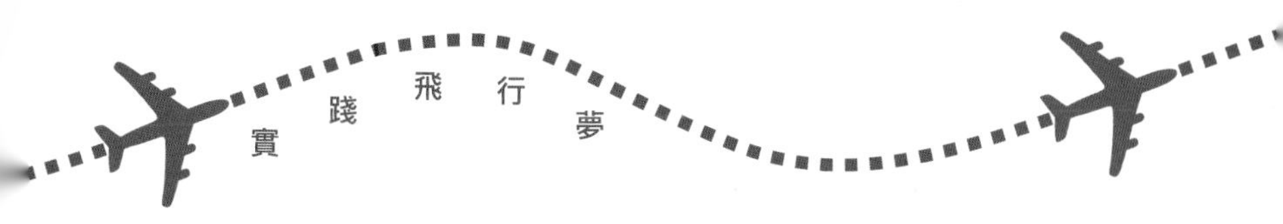

▲左方是我的飛行導師，右方是泰國民航局的考官。

在考試當日，泰國民航局的考官首先會進行口試，考核學員對一些飛行知識的掌握，內容主要包含以下四方面：

(一) 飛行文件及證書

飛機師需要知道在駕駛飛機前，必須具備的文件及證書，以及其性質及用途，包括飛機師駕駛執照、體檢證書、飛機牌照、飛機師操作手冊、設備清單、維修指引等等。

(二) 飛機性能及限制

飛機師需要對所駕駛的飛機有充份的認知，包括起飛、爬升、飛行距離、飛行時間、荷載等性能，亦需知道如何取得天氣資訊，以及大氣變化對飛機性能的影響，確保飛機在可承受的性能範圍內飛行。

(三) 飛行前檢查

飛機師需要知道飛行前對飛機檢查的項目，如何進行檢查，以及各項檢查的目的。

(四)緊急事故處理程序

飛機師需要掌握一些緊急事故的處理程序，例如飛機在跑道加速準備起飛時，出現引擎故障，便應立即關閉引擎，減速並取消起飛，如飛機在剛剛起飛後出現引擎故障，切勿轉彎返回跑道，應在立即在前方尋找位置作緊急降落等等。

完成口試之後，便進行極具挑戰的飛行操作考試，過程與考取汽車駕駛執照相似，但最大分別在於絕大部份的操作，均在天上進行，學員需在考官的要求下，進行一系列的飛行操作。考核內容包括飛行前檢查、啟動飛機、滑行、起飛、空中飛行各項操作、降落、以及最後停泊飛機關閉引擎，大家可參閱第四章的介紹。

我由首次到清邁展開飛行課程，直至進行飛行考試，剛好是一年時間。為準備這重要的考試，我提早兩天到達泰國，在到步後的一天稍作安頓，第二天便進行了最後一節兩小時的飛行課。考試前一個晚上，我亦提早休息，以平靜而充滿信心的心情迎接這期待已久的飛行考試。

考試在一個風和日麗的早上進行，負責是次考試的泰國民航處考牌官在登上飛機前，首先跟我進行了飛行口試。口試問題是我已熟讀的理論課知識，因此我能夠輕鬆的完成這部份考試。接著的飛行考試，考官手持考試內容清單，逐一要求我完成各項飛行操作。飛行考試為時約 30 分鐘，這短短的 30 分鐘，充分肯定了我過去一年的努力。順利完成考試後，我從考牌官接過考試及格的成績表，接受導師對我的祝賀，這一刻的感受的確非筆墨所能形容，我終於達成飛行夢了！

當天晚上，我返回清邁市，出席飛行會為我安排的慶祝晚宴，我終於成為主角了！飛行導師、飛行理論課的導師們、飛行會的職員、以及飛行會的會員，共接近二十人出席了慶祝晚宴，各人也帶著興奮的心情，衷心的為我能夠考獲私人飛機駕駛執照作出祝賀。席間飛行會為我準備了鮮花，導師在我的飛機師制服肩上扣上共有四條橫間的肩章，代表我已經正式成為飛機師了！

▲飛行會人員為我慶賀考獲私人飛機駕駛執照

達成飛行夢，充滿喜悅！

家人也為我這項成就感到自豪

▲為表達對飛行會的感謝，我特別準備了一隻精緻的銀碟，送給飛行會！

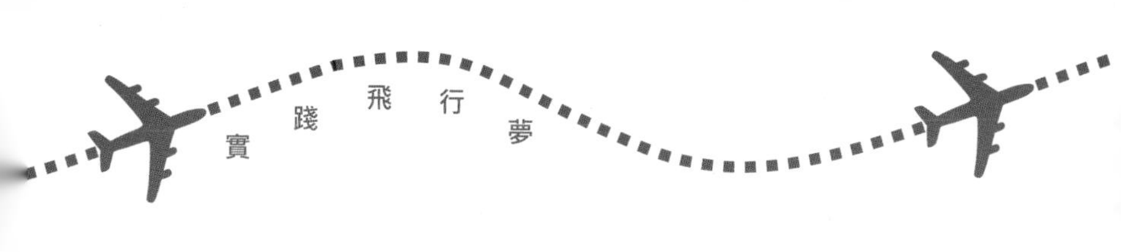

今天，我知道只要努力追求夢想，終有一天可以夢想成真！

第6章

擁抱藍天　展翅翱翔

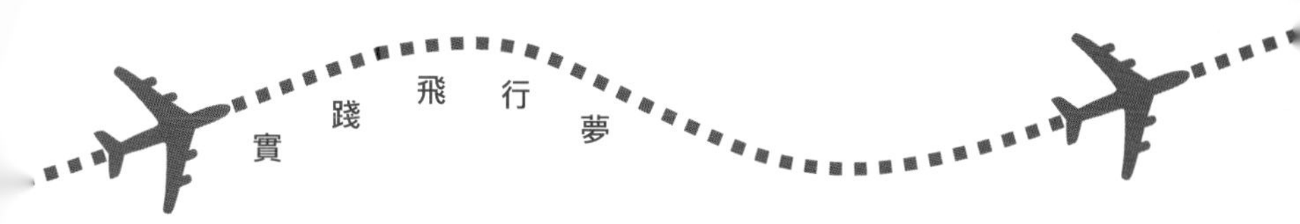

成功考獲私人飛機駕駛執照，當然要盡情享受飛行的樂趣！在往後的多年間，我一有空，便會到泰國衝上雲霄，擁抱藍天展翅翱翔。到泰國飛行，無論在旅程時間上或費用上，都在可承擔的水平。另外，泰國有很多航線可以作跨境飛行，而航空管制亦不多，通常都可以自由飛行，這些便是我到泰國學習飛行的主要原因。在考獲駕駛執照後仍可繼續進行飛行活動，實在是十分美好的人生經歷。在這章節，我嘗試與大家分享在泰國的一些飛行經歷，讓大家感受當中的精彩。另外，我亦曾參與不少本地及海外推廣航空知識的活動，致力協助有志飛行人士達成飛行夢，考取私人飛機駕駛執照，有關內容將在之後部份與大家分享。最後，我為自己成功圓夢的經歷，特別留下了一些回憶，也很高興地與大家分享。

精彩的跨境飛行

取得駕駛執照後，我的跨境飛行計劃已無特別的地點距離限制，完全可以按個人喜好飛到不同機場。我最喜愛的行程，便是上午出發，飛到另一縣市，在當地觀光、享用午膳、購買手信，在下午回程。這樣的行程，有如我們駕車到郊外的一日遊，但分別在於我駕駛飛機，可以沿途欣賞高空美景，去到更遠的景點遊玩。下圖乃一些我曾飛行的航線，在此與大家逐一介紹。但請注意，以下資料只作分享用途，如進行有關跨境飛行，必須自行準備飛行計劃。

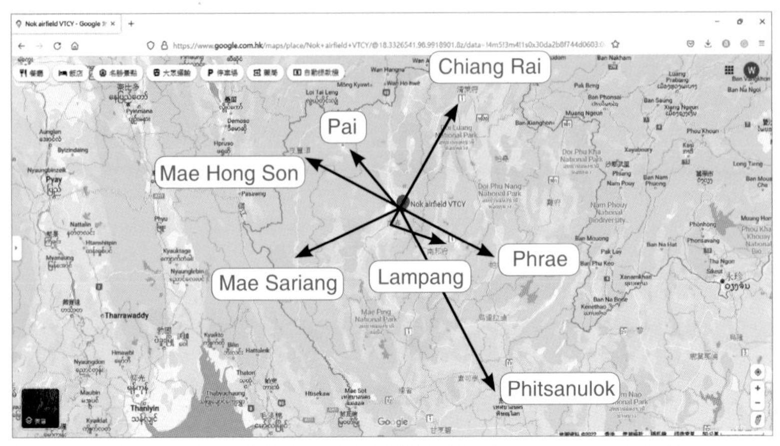

▲我曾飛行的一些航線，由清邁訓練機場（Nok Airfield）出發。

清萊府（Chiang Rai）

清萊位於清邁訓練機場的東北面，距離為 84 海里，飛行時間約為每程 1 小時 30 分鐘，來回共 3 小時。

起飛機場	降落機場	方向	飛行高度（尺）
清邁訓練機場	清萊府（Chiang Rai）	030°	5,500
清萊府（Chiang Rai）	清邁訓練機場	210°	6,500

清萊乃泰國北面的一個大城市，是著名的旅遊地點，當地的白龍寺最為人熟識，北面便是有名的金三角地區，即是泰國、緬甸與寮國的接壤處，以往乃毒品買賣的地點。由清邁飛往清萊，需要飛越兩座約 4,500 尺的高山，這航線屬於較長途的飛行，飛機師可以選擇更高的高度飛行，滿足「遊飛機河」欣賞沿途山景的目的。

▲清萊國際機場，背後乃機場控制塔。

第6章 夢想飛揚

▲清萊國際機場候機大堂

▲清萊國際機場辦理飛機著陸手續的櫃枱

▲清萊國際機場的停機坪

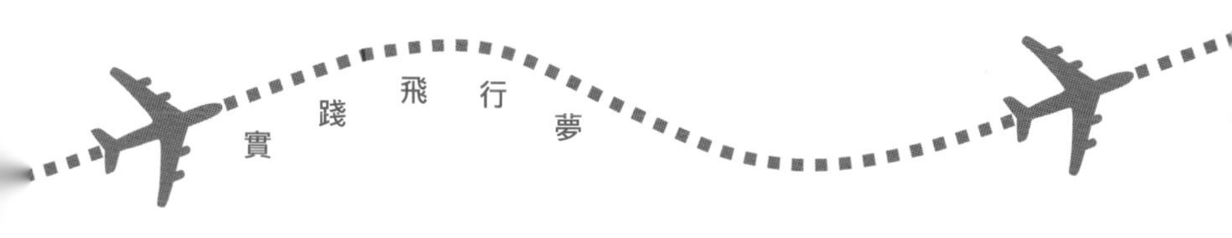

清萊國際機場的停機坪

▲去到清萊，當然要與朋友午餐一聚。

第6章 夢想飛揚

從清萊返航途中

從清萊返航，白雲伴我飛行。

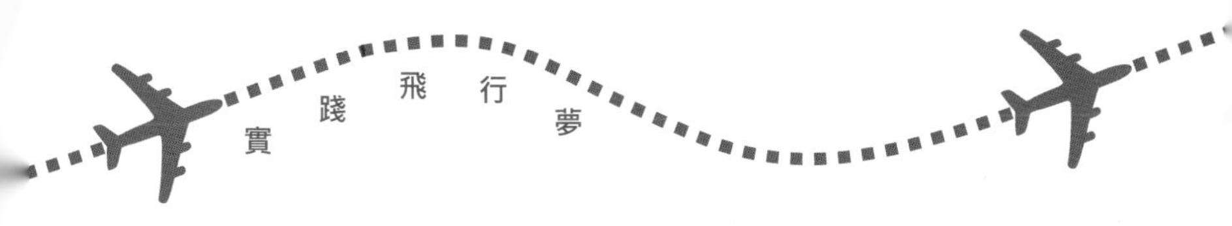

▶從清萊返航途中，在數千尺的高空飛行，坐在後方的飛機師，為了要拍攝較清晰的景象，就把我身邊的門打開，以致右邊全無遮掩，可以直接向下望到數千尺下的地面，又感受到飛行的風力。這樣飛行，真是需要多一些膽量！

帕府（Phrae）

帕府位於清邁訓練機場的東南面，距離為 72 海里，飛行時間約為每程 1 小時，來回共 2 小時。

起飛機場	降落機場	方向	飛行高度（尺）
清邁訓練機場	帕府（Phrae）	118°	5,500
帕府（Phrae）	清邁訓練機場	298°	6,500

這是一條我很熟識的航線，在訓練期間多次飛行，途中需要跨越約 4,500 尺的高山，在航線中段的北面，可看見一個大湖，而南面則有一座發電站。由於機場距離市集較遠，因此我並無去市集觀光，通常也是沿途往返，所以這航線主要是享受飛行的樂趣。

▲帕府機場

▲帕府機場控制塔及候機大堂

南邦府（Lampang）

南邦府位於清邁訓練機場的東南面，經南奔到南邦，距離為 46 海里，飛行時間約為每程 40 分鐘，來回共 1 小時 20 分鐘。

起飛機場	降落機場	方向	飛行高度（尺）
清邁訓練機場	南奔（Lamphun）	230˚	2,000
南奔（Lamphun）	南邦府（Lampang）	120˚	3,500
南邦府（Lampang）	南奔（Lamphun）	300˚	4,500
南奔（Lamphun）	清邁訓練機場	050˚	2,000

南邦府並非旅遊熱點，一般人也不會到訪。航線先到南奔，乃飛機需要更長的距離爬升。這航線的一大優點，是路線距離適中，無論對飛機師或乘客，每段 40 分鐘的航程，不會導致太疲累。另外，飛機會爬升至 4,500 尺的高度，跨越一座高山，能看見開揚的景觀，而這高度也不會對人造成身體不適，如在多雲的日子，飛機也會在白雲間穿梭，可享受衝上雲霄的感覺。因此，這是一段十分適合搭載朋友遊飛機河的航線。

▲南邦府機場門口

▲參觀南邦府機場控制塔

▲南邦府機場停機坪

搭載家人遊飛機河

◀乘坐飛機觀光，是十分特別的體驗。

◀南邦府機場停機坪

彭世洛府（Phitsanulok）

彭世洛府位於清邁訓練機場的東南面，距離為 141 海里，飛行時間約為每程 1 小時 45 分鐘，來回共 3 小時 30 分鐘。

起飛機場	降落機場	方向	飛行高度（尺）
清邁訓練機場	彭世洛府（Phitsanulok）	148°	7,500
彭世洛府（Phitsanulok）	清邁訓練機場	328°	6,500

這是一條很長的航線，彭世洛府位於清邁與曼谷的中間位置，如要飛往曼谷，這是必經的機場。由於長途飛行，飛機必須在彭世洛機場加油，之後才返航。沿途風景也很優美，但長時間飛行，的確需要多些體力，故飛行前宜有充足休息。同時請緊記，起飛前必須先解決生理需要，小型飛機上並沒有洗手間，在天空上出現生理需要，真是一大問題啊！

彭世洛府機場停機坪

▲沿途一片雲海

▲藍天白雲，翠綠大地，勃勃生機。

▲看見如此美景，一切煩惱也頓然消散。

邁薩良縣（Mae Sariang）

邁薩良縣位於清邁訓練機場的西南面，距離為 72 海里，飛行時間約為每程 1 小時 10 分鐘，來回共 2 小時 20 分鐘。

起飛機場	降落機場	方向	飛行高度（尺）
清邁訓練機場	邁薩良縣（Mae Sariang）	245°	8,500
邁薩良縣（Mae Sariang）	清邁訓練機場	065°	7,500

▲邁薩良縣機場停機坪

這是一條頗特別的航線，沿途可以經過泰國最高點因他暖山（Doi Inthanon），這是泰國的著名景點，山上有兩座圓錐形的佛塔，以及美麗的花園，不少遊客也會前往觀光。而駕駛飛機在上空欣賞，當然另有一番景緻。由於要跨越這座高山，飛機必須爬升至更高的高度。在高海拔飛行，也是一種樂趣。但邁薩良縣機場就在高山後不遠處，故跨越高山後，便需快速下降，耳朵也會出現耳鳴的情況。另外，由於邁薩良縣機場沒有控制塔，故在機場範圍飛行，需以通訊機自行報告飛行操作，讓機場範圍內其他飛機知悉，以保障安全。

▲飛行時拍攝因他暖山（Doi Inthanon）公園全景

▲停泊飛機後，到附近的地道餐廳享用午膳。

夜豐頌（Mae Hong Son）

夜豐頌位於清邁訓練機場的西北面，經湄林縣（Mae Rim）到夜豐頌，距離為76海里，飛行時間約為每程55分鐘，來回共1小時50分鐘。

起飛機場	降落機場	方向	飛行高度（尺）
清邁訓練機場	湄林縣（Mae Rim）	330˚	2,000
湄林縣（Mae Rim）	夜豐頌（Mae Hong Son）	290˚	8,500
夜豐頌（Mae Hong Son）	湄林縣（Mae Rim）	110˚	7,500
湄林縣（Mae Rim）	清邁訓練機場	150˚	2,000

這是一條我很喜愛的航線，由清邁飛往夜豐頌，因為不能橫越清邁國際機場，所以需要先到湄林縣，再飛去夜豐頌。由於需要跨越一座7,000尺的高山，故需爬升至8,500尺高度，在如此高海拔飛行，是不錯的體驗。這航線最吸引的地方，在於當地的市集就在機場附近。因此，我停泊飛機後，便可到市集午膳和觀光，下午才返航，度過精彩又充實的一天。

夜豐頌機場停機坪

▲夜豐頌機場候機大堂

▲夜豐頌機場Check-in櫃枱

▲夜豐頌機場控制塔

▲夜豐頌機場入口

▲夜豐頌機場入口

▲夜豐頌機場附近的一個公園水池

▲夜豐頌市集內的寺廟

▲夜豐頌市集內的寺廟

▲夜豐頌市集內的寺廟

▲夜豐頌市集內的寺廟

▶在夜豐頌市集內享用午膳

▲夜豐頌市集內的寺廟

▲夜豐頌市集內的寺廟

▲夜豐頌山上的寺廟

▲由夜豐頌機場步行到山上的寺廟，相中左上方便是飛機場，我駕駛的飛機正停泊在停機坪上，而右方為公園水池。

拜縣（Pai）

拜縣位於清邁訓練機場的西北面，經湄林縣（Mae Rim）到拜縣，距離為 57 海里，飛行時間約為每程 45 分鐘，來回共 1 小時 30 分鐘。

起飛機場	降落機場	方向	飛行高度（尺）
清邁訓練機場	湄林縣（Mae Rim）	330°	2,000
湄林縣（Mae Rim）	拜縣（Pai）	315°	8,500
拜縣（Pai）	湄林縣（Mae Rim）	135°	7,500
湄林縣（Mae Rim）	清邁訓練機場	150°	2,000

這是一條我最喜愛的航線，除享受飛行樂趣外，更可遊覽拜縣市。拜縣市是一個很受歡迎的旅遊點，當地環境清幽，市集充滿特色小店，設有很多休閒旅館。由於地點遠離大城市，香港沒有旅行團會到這裡遊覽。除駕駛飛機外，我亦曾由清邁駕車前往拜縣市，沿途需經過十分迂迴曲折的山路，車程需要 4 小時。而我通常也是上午飛行到達拜縣市，享用午膳、觀光及購買手信後，下午便心情很滿足地返航。

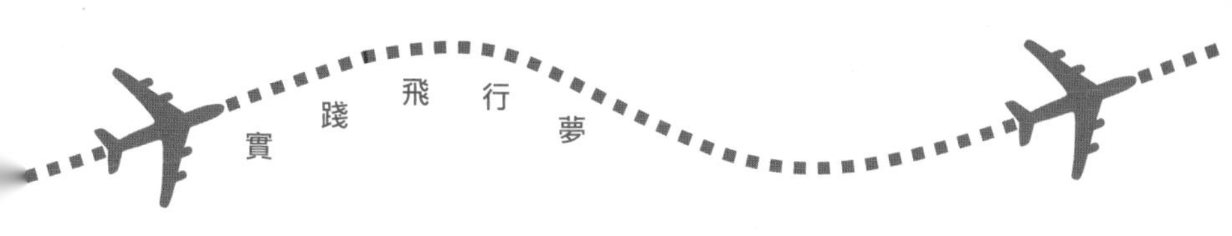

▲拜縣機場停機坪

▲拜縣機場停機坪

▲拜縣機場停機坪，前方便是我駕駛的小型飛機。

▲拜縣機場入境門口，很有傳統泰國格調。

▲拜縣機場門口

▲拜縣機場門口

▲拜縣市集餐廳，設計很有特色。

▲拜縣市集餐廳，設計很有特色。

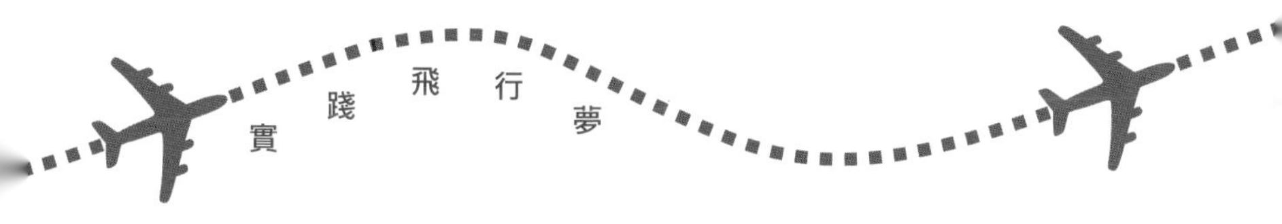

◀拜縣市集特色小店

▶拜縣市集特色小店

▲拜縣市集內的寺廟

▲拜縣市內的一條小河，為拜縣增添了不少色彩。

▶駕駛飛機搭載親友遊覽拜縣

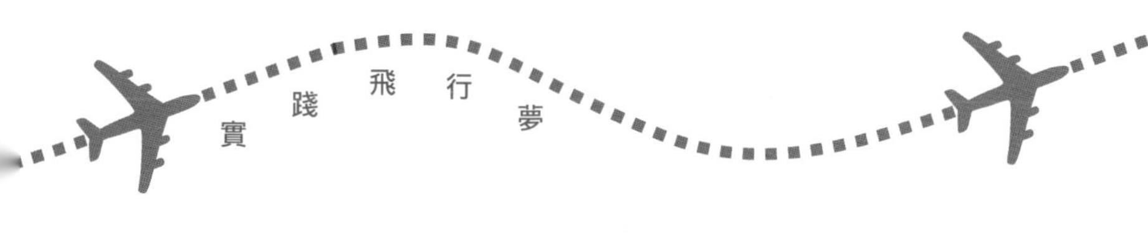

▶拜縣河的美景

◀拜縣市集輕鬆一刻，相中男士 Michael 是一位經驗豐富的飛機師，與我一同駕駛飛機到拜縣。

飛行返回清邁，便與朋友共聚暢飲，相中男子 Michael 及 Koi 都是飛機師，但大家需要緊記，飛行前切勿飲酒啊！

除在清邁外，我亦曾到曼谷飛行。下圖路線，便是從曼谷西南面的 Best Ocean Airpark 飛行前往華欣。

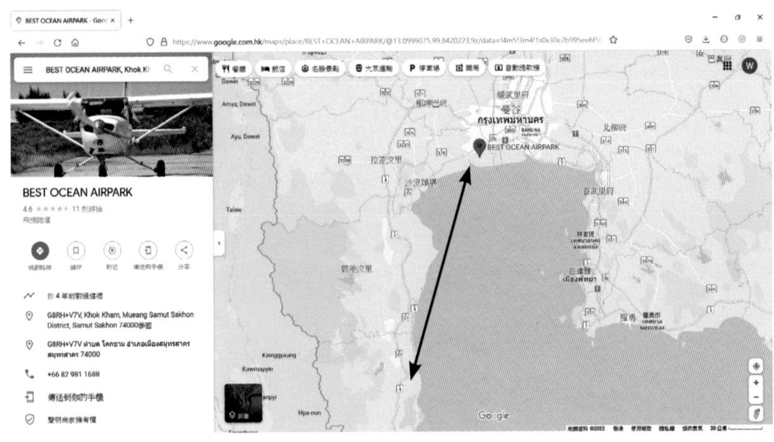

▲曼谷前往華欣的航線

華欣（Hua Hin）

華欣位於曼谷的西南面，直線距離為 60 海里，飛行時間約為每程 1 小時，來回共 2 小時。

起飛機場	降落機場	方向	飛行高度（尺）
Best Ocean Airpark	華欣（Hua Hin）	200°	4,500
華欣（Hua Hin）	Best Ocean Airpark	020°	3,500

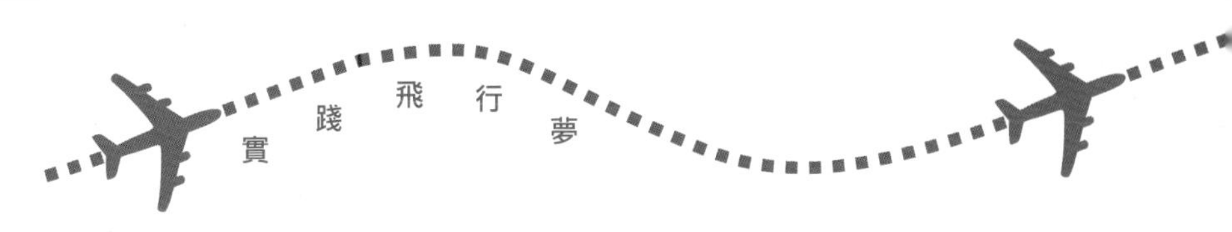

這航線的特別之處，是比較長時間在海上飛行，乘客可以從高空欣賞海景，如在晴朗的日子飛行，可看到一幅由藍天碧海構成的美景，這確實讓人心曠神怡。但在海上飛行，則比較難看見航線的路標，遇到緊急事故也不容易找到急降地點，不禁讓我感到一點壓力。其實如果不想在海面飛行，也可沿海岸線飛行前往華欣。

◀ 在 Best Ocean Airpark 停機坪，準備起飛。

飛行期間，可以欣賞海岸線。

▲華欣機場停機坪

▲在華欣市享用午膳，相中男子乃一同飛行的飛機師。

除了較長途的跨境飛行外，我亦曾進行了一些短途飛行，包括飛行到清道（Chiang Dao）、帛琉縣（Phrao）及 Mae Kuang Dam，下圖顯示三個地點的位置。

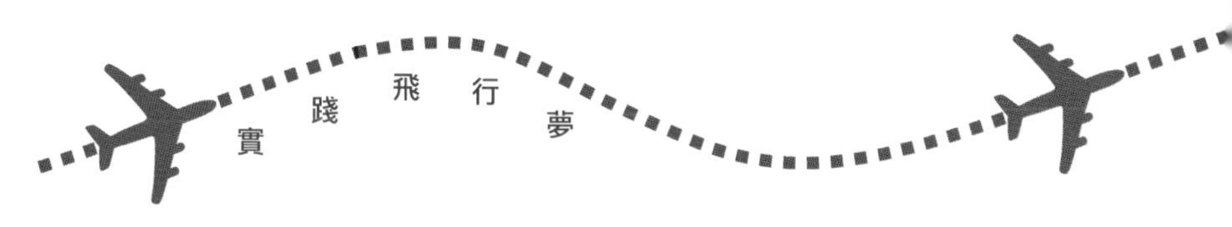

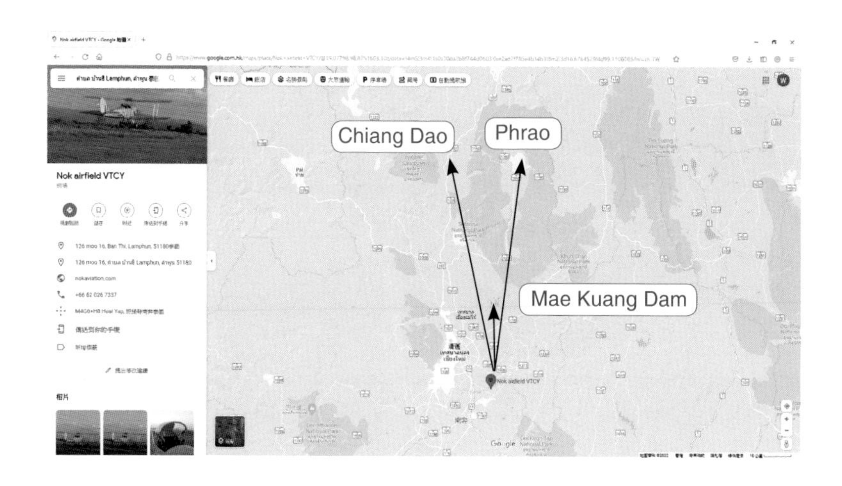

清道（Chiang Dao）及帛琉縣（Phrao）是在清邁北面的兩個山谷，山谷兩旁均是約 4,500 尺的高山，其山勢非常陡峭，這兩條航線特別之處，是在山谷內低飛，欣賞兩旁景色。

在清道的高山，山勢非常陡峭。

01 在清道的高山，山勢非常陡峭。
02 在山谷內飛行
03 在山谷內飛行
04 飛行中拍攝 Mae Kuang 水塘的景色
05 Mae Kuang 水塘，有點似香港的千島湖。

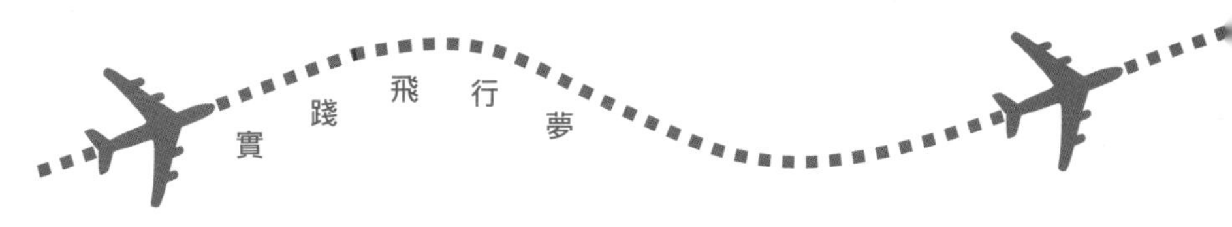

Mae Kuang Dam 是在清邁北面的一個水塘，景色近似香港千島湖，即元朗大欖涌水塘。在高空飛行，可以欣賞湖光山色。

▶準備出發作短途飛行

短途航線，一般都在低空飛行，可以更清楚看到地面景物。

推廣航空知識

除了享受飛行外，我亦很樂意推廣航空知識。在考獲私人飛機駕駛執照後，我參與了很多本地及國際與航空相關的分享活動，積極在教育界推廣航空知識，作為一點貢獻，回饋社會。當然，這書亦是推廣航空知識的一大項目。同時，我亦致力協助有志飛行的人士達成飛行夢，考取私人飛機駕駛執照。

▶指導學生摺紙飛機，也讓我重拾童年回憶！

紙飛機大比拼，看誰的紙飛機飛得最遠。

▲到中學舉辦興趣班，從有趣的摺紙飛機過程中學習飛行理論。

▶教師也支持舉辦飛行理論興趣課程

01
02
Introductory Course
in Aeronautics –
03
運用無人機進行空中拍攝
Aerial Photography /
Videography Using a
Drone
2017.3.18

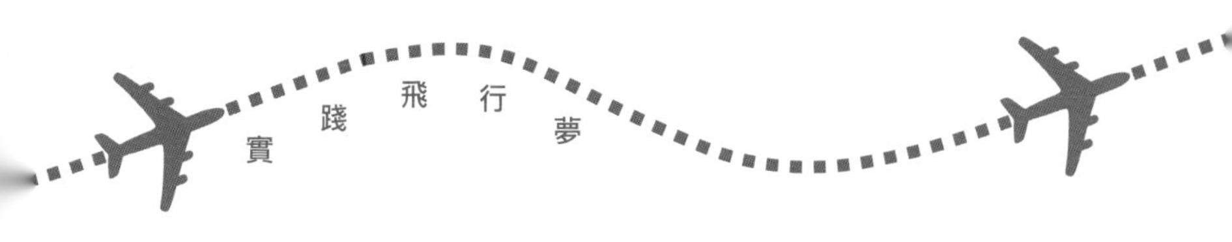

04

05

01 紙飛機比賽勝出者，獲贈精美獎品。

02 到香港資優學苑舉辦課程，教授資優生飛行理論，分享飛行經驗，學員相當投入。

03 獲香港資優學苑邀請，向資優生分享運用無人機拍攝的知識及技巧。

04 到中學舉辦無人機興趣班，讓學生學習一些航空知識。

05 在大學舉行講座，分享如何運用無人機推行 STEM 教育。

▲在本地學術研討會，分享如何運用無人機推行 STEM 教育，出席人士眾多。

▶在以色列耶路撒冷出席一個國際學術研討會，發表一篇學術論文，分享運用無人機推行 STEM 教育的經驗，大家如果有興趣，可以從以下連結下載有關文章。

Ng, W. S., & Cheng, G. (2019). Integrating drone technology in STEM education: A case study to assess teachers' readiness and training needs. Issues in Informing Science and Information Technology, 16, 61-70. https://doi.org/10.28945/4288

◀講解無人機在 STEM 教育的運用

▶在以色列耶路撒冷一個國際學術研討會進行分享

飛機師的風采

我這個來自草根階層的小伙子，經過多年的努力，排除重重困難，憑著對飛行夢的堅持，終於成功考獲飛機師執照，為人生添上色彩。就這項人生經歷，當然要為自己留下一些印記。因此，我特別拍攝了一些照片，買了一個車牌，訂造了一些物品，現在就與大家分享吧！

▶到影樓拍攝的飛機師造型照

▶到影樓拍攝的飛機師造型照

CAPTIONS

01 到影樓拍攝的飛機師造型照
02 到影樓拍攝的飛機師造型照
03 購買了一個飛機師車牌「PILOT NG」

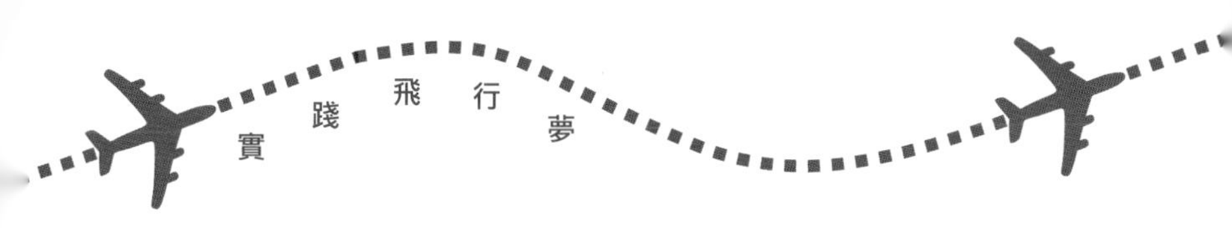

▶訂做了一個裝飾掛牌

訂做了一個精美裝飾板

第6章 夢想飛揚

抱有夢想，讓夢想成真，才能活出精彩人生！

夢想飛揚，渴望擁抱藍天展翅翱翔。大家不要猶豫，來踏步追求夢想，讓夢想飛揚吧！